U0273566

电工实训（高级）

DIANGONG SHIXUN

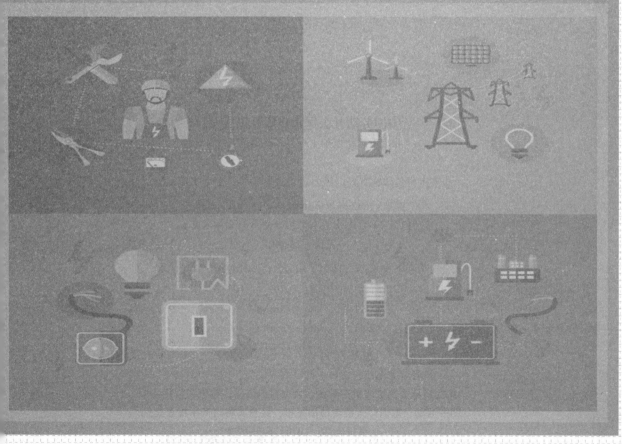

中国劳动社会保障出版社

内容简介

本书主要内容包括：PLC 应用技术、变频器技术、电子技术、常用机床电气线路等。

图书在版编目（CIP）数据

电工实训：高级/李进华主编.—北京：中国劳动社会保障出版社，2017
ISBN 978-7-5167-3259-5

Ⅰ.①电…　Ⅱ.①李…　Ⅲ.①电工技术–教材　Ⅳ.①TM

中国版本图书馆 CIP 数据核字(2017)第 254498 号

中国劳动社会保障出版社出版发行

（北京市惠新东街 1 号　邮政编码：100029）

*

北京市科星印刷有限责任公司印刷装订　　　新华书店经销

787 毫米×1092 毫米　16 开本　15 印张　302 千字
2017 年 11 月第 1 版　　2022 年 8 月第 4 次印刷
定价：28.00 元

读者服务部电话：（010）64929211/84209101/64921644
营销中心电话：（010）64962347
出版社网址：http://www.class.com.cn
http://jg.class.com.cn

东莞市技师学院国家级高技能人才培训基地建设成果编委会名单

编审委员会

刘海光　朱作友　文永新　章朝阳　袁煜材
钟娟芳　胡章君　罗少武

本书编审人员

主编：李进华

参编：刘　飞　黄栋斐

主审：肖　俊

前　言

　　为更好实施人才强国战略，适应走新型工业化道路、加快产业结构优化升级的需要，培养造就一大批具有精湛技艺的高技能人才，根据《国家中长期人才发展规划纲要（2010—2020 年）》和《高技能人才队伍建设中长期规划（2010—2020 年）》的部署，人力资源社会保障部制定了《国家高技能人才振兴计划实施方案》（人社部发〔2011〕109 号）。国家高技能人才振兴计划以技师、高级技师培训为重点，以提升职业素质和职业技能为核心，旨在培养和造就一批具有精湛技艺、高超技能和较强创新能力的高技能领军人才，引领、带动高技能人才队伍建设和发展。

　　东莞市技师学院以全力打造全国一流、世界知名的技师学院为目标，秉承"把人才培养标准融入社会需求，把教学过程融入生产过程，把学校发展融入社会科技进步"的"三融入"办学方针，积极实施"品牌化、国际化、人才化"三大战略。多年来，学院在专业课程改革、技能人才培养模式、师资队伍建设等方面积极探索，不断总结高技能人才培养的经验和模式。同时，作为世界制造业基地之一的东莞市，市委、市政府高度重视并努力促进产业转型升级与创新发展，学院积极对接当地产业转型升级对技能人才的需求，努力打造适应现代产业发展要求的产业技术工人队伍。

　　2015 年，学院获批国家级高技能人才培训基地项目后，全院高度重视，在推进培训基地建设项目的同时，也将经验和成果进行了汇总，针对机电一体化技术、汽车维修、酒店管理、计算机网络应用四个专业，编写了 15 本教材。希望借助教材的出版能将好的经验和成果与兄弟院校分享。

　　由于水平和时间所限，不当之处望广大读者批评指正。

东莞市技师学院

2017 年 8 月

目　录

I

模块一　PLC 应用技术

任务1　PLC 控制三相异步电动机正反转

一、任务描述

本任务主要进行 PLC 控制三相异步电动机正反转的设计、安装与调试，通过本任务，使学生掌握三相异步电动机正反转控制线路的工作原理、PLC 编程技术，能熟练地绘制电气元件布置图和电气安装接线图，能处理常见故障。

二、任务要求

1. 控制要求

（1）当按下启动按钮时，接触器 KM1 线圈通电，电动机正转。

（2）经过 5s 延时，接触器 KM1 线圈断电，KM2 线圈通电，电动机反转。

（3）再经过 3s 延时，KM2 线圈断电，KM1 线圈通电。

（4）如此反复 10 次后，电动机停止运转。

2. 工作方式

工作方式设置为自动循环。

3. 有必要的电气保护和联锁功能。

4. 电路设计

根据控制要求，列出 PLC 控制 I/O 接口元器件的地址分配表（I/O 分配表），设计梯形图及 PLC 控制 I/O 接口的电气安装接线图。

5. 安装与接线

将熔断器、接触器、继电器、PLC、按钮等安装在一块配线板上，配线板上的元器件应布置合理、安装紧固，配线应美观，导线应沿线槽敷设并配有端子标号。

6. 模拟调试

将所编程序输入 PLC，按照动作要求进行模拟调试，至达到设计要求。

7. 通电试验

模拟调试成功后，在教师的监督下，接通 380 V 电源，通电运行，并观察。

8. 额定用时 2 h。

三、任务准备

工程实际中的 PLC 控制系统总是比较复杂的，作为其中的基本环节，三相异步电动机的几种典型控制线路常见于 PLC 控制系统中。本模块详细介绍了三相异步电动机的 PLC 控制线路硬件结构及实用程序，并通过三相异步电动机的 PLC 控制实训，让学生掌握简单 PLC 控制系统的开发运用方法。

1. 三相异步电动机的正反转控制原理

三相异步电动机通过调换正反转控制线路的电源相序改变旋转方向，其正反转控制线路图如图 1—1—1 所示。

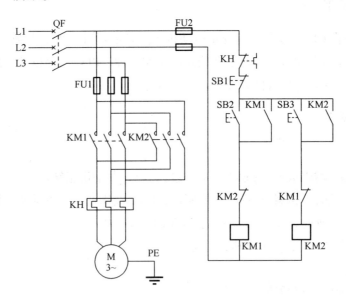

图 1—1—1　三相异步电动机的正反转控制线路图

（1）正转控制

电动机 M 在停止状态时，按下启动按钮 SB2，接触器 KM1 线圈得电，KM1 主触头闭合，电动机 M 正转。

（2）反转控制

按下停止按钮 SB1，接触器 KM1 线圈失电，KM1 主触头断开，电动机 M 停转。

电动机 M 在停止状态下，按下启动按钮 SB3，接触器 KM2 线圈得电，KM2 主触头闭合，电动机 M 反转。

（3）停止控制

无论电动机 M 是正转还是反转，当按下停止按钮 SB1 时，接触器 KM1 或 KM2 线圈失电，其主触头断开，电动机 M 与工作电源断开，因而停止运转。

2. PLC 控制三相异步电动机正反转的线路图

根据任务要求，通过以上分析，PLC 只需要通过输入继电器采集按钮 SB1、SB2 和 SB3 的输入信号，再通过输出继电器控制接触器 KM1 和 KM2 的线圈回路即可，KM1 和 KM2 需联锁，主电路与图 1—1—1 所示主电路相同。PLC 控制三相异步电动机正反转的线路图如图 1—1—2 所示。

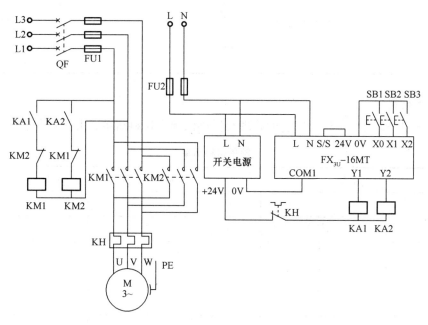

图 1—1—2　PLC 控制三相异步电动机正反转的线路图

四、任务实施

1. 组建小组

任务实施以小组为单位，将班级学生分为 8 个小组，每小组 4 人。每个小组中，1 人为小组长，负责组织小组成员制订工作计划、实施工作计划、汇总小组成果等，并指派专人负责领取和分发材料。

2. 制订工作计划

根据任务要求，制订合理的工作计划，根据小组成员的特点进行分工，并填写表 1—1—1。

表 1—1—1　　　　　　　　　　　　　工作计划

序号	工作内容	时间	负责人
1			
2			
3			
4			
5			
6			
7			
8			

3. 准备材料

将表 1—1—2 填写完整，向仓库管理员提供该领用材料清单，并领用材料。

表 1—1—2　　　　　　　　　　　　领用材料清单

序号	名称	规格	数量	备注
1				
2				
3				
4				
5				
6				
7				
8				
9				
10				
11				
12				
13				
14				
15				
16				

4. I/O 分配

根据任务要求，进行 I/O 分配，并填写表 1—1—3。

表 1—1—3　　　　　　　　　　　　　I/O 分配表

输入			输出		
名称	代号	输入继电器	名称	代号	输出继电器

5. 设计电气安装接线图

设计 PLC 控制 I/O 接口的电气安装接线图。

6. 设计 PLC 梯形图并编程

设计、画出 PLC 梯形图，并在编程软件 GX Developer 上编程。

7. 接线并检查

根据电气安装接线图完成接线，并使用万用表电阻挡检查接线。如有故障，应及时解决，并填写表 1—1—4。

表 1—1—4　　　　　　　　　　接线故障分析及处理

故障现象	故障原因	处理方法

8. 通电试运行

（1）接通控制电路，观察各元器件、线路是否正常。

（2）接通主电路，观察电动机工作情况是否正常。如不正常，应立即切断电源进行检查，调整或修复后再次通电试运行。

（3）故障全部解决后，填写表 1—1—5。

表 1—1—5　　　　　　　　　　通电试运行故障分析及处理

故障现象	故障原因	处理方法

续表

故障现象	故障原因	处理方法

9. 清理现场、归置物品

按照现场管理规范清理现场、归置物品。

五、任务评价

按照表 1—1—6 的评价内容及标准进行自我评价、学生互评和教师评价。

表 1—1—6 任务评价

评价内容及标准		配分	评分		
			自我评价	学生互评	教师评价
准备材料	元器件漏检或错检，每只扣 1 分	10			
	元器件功能不可靠，每只扣 2 分				
安装布线	元器件布置不合理，扣 5 分	30			
	元器件安装不牢固，每只扣 4 分				
	元器件安装不整齐、不匀称或不合理，每只扣 3 分				
	元器件损坏，每只扣 15 分				
	导线沿线槽敷设不符合要求，每处扣 2 分				
	不按电气安装接线图接线，扣 20 分				
	布线不符合要求，扣 3 分				
	导线接点松动、露铜过长等，每根扣 1 分				
	导线绝缘层或线芯损伤，每根扣 5 分				
	漏装或套错编码套管，每只扣 1 分				
	漏接接地线，扣 10 分				
故障分析	分析故障、排除故障思路不正确，扣 5~10 分	10			
	标错电路故障范围，扣 5 分				
故障排除	断电后不验电，扣 5 分	20			
	工具及仪表使用不当，每次扣 5 分				
	不能查出故障点，每次扣 5 分				
	能查出故障点但不能排除故障，每次扣 10 分				
	损坏元器件，每只扣 5~10 分				

评价内容及标准		配分	评分		
			自我评价	学生互评	教师评价
通电试运行	I/O 分配表和电气安装接线图错误，每处扣 2 分	20			
	PLC 程序编制错误，每处扣 5 分				
	熔断器规格选用不当，每只扣 5 分				
	第一次试运行不成功，扣 10 分				
	第二次试运行不成功，扣 15 分				
	第三次试运行不成功，扣 20 分				
安全文明生产	不遵守安全文明生产规程，扣 2～5 分	5			
	施工完成后不认真清理现场，扣 2～5 分				
施工用时	实际用时每超额定用时 5min，扣 1 分	5			
总分		100			

任务2 PLC 控制三相异步电动机 Y—△降压启动、能耗制动

一、任务描述

本任务主要进行 PLC 控制三相异步电动机 Y—△降压启动、能耗制动的设计、安装与调试，通过本任务，使学生掌握三相异步电动机的 Y—△降压启动、能耗制动原理，掌握 PLC 编程技术，能熟练地绘制电气元件布置图和电气安装接线图，能处理常见故障。

二、任务要求

根据图 1—2—1 所示带能耗制动的 Y—△降压启动线路图，将控制电路部分改为 PLC 控制。

1. 电路设计

根据控制要求，列出 I/O 分配表，设计梯形图及 PLC 控制 I/O 接口的电气安装接线图。

2. 安装与接线

将熔断器、接触器、继电器、PLC、按钮等安装在一块配线板上。配线板上的元器件应布置合理、安装紧固，配线应美观，导线应沿线槽敷设并配有端子标号。

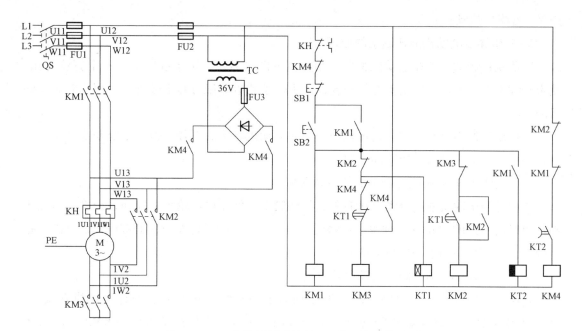

图1—2—1　带能耗制动的Y—△降压启动线路图

3. 模拟调试

将所编程序输入PLC，按照动作要求进行模拟调试，至达到设计要求。

4. 通电试验

模拟调试成功后，在教师的监督下，接通380 V电源，通电运行，并观察。

5. 额定用时2 h。

三、任务准备

1. 三相异步电动机的Y—△降压启动

Y—△降压启动用于定子绕组在正常运行时接为△（三角形）的三相异步电动机。在电动机启动时，将定子绕组接为Y（星形），可实现降压启动；在电动机正常运转时，再将定子绕组换接成△。

因为电动机启动电流与电源电压成正比，而此时电网提供的启动电流只有全电压启动电流的1/3，所以启动力矩也只有全电压启动力矩的1/3。Y—△降压启动以牺牲功率为代价实现降低启动电流，所以不能只以电动机功率的大小为标准来确定是否需采用Y—△降压启动，还应看负载情况。一般而言，在启动时负载轻、运行时负载重的情况下，可采用Y—△降压启动。通常，笼型电动机的启动电流是运行电流的5~7倍，而电网要求电压的波动范围不得超过±10%，为了使电动机启动电流不对电网电压形成过大的冲击，可以采用Y—△降压启动。一般在要求笼型电动机的功率超过变压器额定功率的10%时，就应采

9

用 Y—△降压启动。

2. 三相异步电动机能耗制动的原理

所谓能耗制动，即在电动机脱离三相交流电源之后，在定子绕组上加一个直流电压，使定子绕组中产生一个固定不变的磁场，利用转子感应电流与静止磁场的作用达到制动的目的。

能耗制动的不足是指在制动过程中，随着电动机转速的下降，拖动系统动能减少，电动机的再生能力和制动转矩也随之减少。

3. 三相异步电动机能耗制动的特点及应用

三相异步电动机能耗制动电路简单，价格较低，但在惯性较大的拖动系统中，常出现在低速时停不住的"爬行"现象，这将延长停车时间或降低停车位置的准确性，且能量损耗较大，因而仅适用于一般负载的停车。

4. Y—△降压启动、能耗制动电路分析

在图 1—2—1 中，主电路通过三组接触器主触头将电动机的定子绕组接成△或 Y。当接触器 KM1、KM3 主触头闭合时，定子绕组接成 Y；当接触器 KM1、KM2 主触头闭合时，定子绕组接为△；当接触器 KM4 主触头闭合时，定子绕组通过变压器 TC 降压和桥式整流电路整流后接入一直流电源，转子受到反方向力的作用，产生能耗制动使电动机停止。

四、任务实施

1. 组建小组

任务实施以小组为单位，将班级学生分为 8 个小组，每小组 4 人。每个小组中，1 人为小组长，负责组织小组成员制订工作计划、实施工作计划、汇总小组成果等，并指派专人负责领取和分发材料。

2. 制订工作计划

根据任务要求，制订合理的工作计划，根据小组成员的特点进行分工，并填写表 1—2—1。

表 1—2—1　　　　　　　　　　　工作计划

序号	工作内容	时间	负责人
1			
2			

序号	工作内容	时间	负责人
3			
4			
5			
6			
7			
8			

3. 准备材料

将表1—2—2填写完整，向仓库管理员提供该领用材料清单，并领用材料。

表1—2—2　　　　　　　　　　领用材料清单

序号	名称	规格	数量	备注
1				
2				
3				
4				
5				
6				
7				
8				
9				
10				
11				
12				
13				
14				
15				
16				

4. I/O 分配

根据任务要求，进行 I/O 分配，并填写表 1—2—3。

表 1—2—3　　　　　　　　　　I/O 分配表

输入			输出		
名称	代号	输入继电器	名称	代号	输出继电器

5. 设计电气安装接线图

设计 PLC 控制 I/O 接口的电气安装接线图。

6. 设计 PLC 梯形图并编程

设计、画出 PLC 梯形图，并在编程软件 GX Developer 上编程。

7. 接线并检查

根据电气安装接线图完成接线，并使用万用表电阻挡检查接线。如有故障，应及时解决，并填写表 1—2—4。

表 1—2—4　　　　　　　　　　接线故障分析及处理

故障现象	故障原因	处理方法

8. 通电试运行

（1）接通控制电路，观察各元器件、线路是否正常。

（2）接通主电路，观察电动机工作情况是否正常。如不正常，应立即切断电源进行检查，调整或修复后再次通电试运行。

（3）故障全部解决后，填写表1—2—5。

表1—2—5　　　　　　　　　通电试运行故障分析及处理

故障现象	故障原因	处理方法

9. 清理现场、归置物品

按照现场管理规范清理现场、归置物品。

五、任务评价

按照表1—2—6的评价内容及标准进行自我评价、学生互评和教师评价。

表1—2—6　　　　　　　　　　　任务评价

评价内容及标准		配分	评分		
			自我评价	学生互评	教师评价
准备材料	元器件漏检或错检，每只扣1分	10			
	元器件功能不可靠，每只扣2分				
安装布线	元器件布置不合理，扣5分	30			
	元器件安装不牢固，每只扣4分				
	元器件安装不整齐、不匀称或不合理，每只扣3分				
	元器件损坏，每只扣15分				

评价内容及标准		配分	评分		
			自我评价	学生互评	教师评价
安装布线	导线沿线槽敷设不符合要求，每处扣2分	30			
	不按电气安装接线图接线，扣20分				
	布线不符合要求，扣3分				
	导线接点松动、露铜过长等，每根扣1分				
	导线绝缘层或线芯损伤，每根扣5分				
	漏装或套错编码套管，每只扣1分				
	漏接接地线，扣10分				
故障分析	分析故障、排除故障思路不正确，扣5~10分	10			
	标错电路故障范围，扣5分				
故障排除	断电后不验电，扣5分	20			
	工具及仪表使用不当，每次扣5分				
	不能查出故障点，每次扣5分				
	能查出故障点但不能排除故障，每次扣10分				
	损坏元器件，每只扣5~10分				
通电试运行	I/O分配表和电气安装接线图错误，每处扣2分	20			
	PLC程序编制错误，每处扣5分				
	熔断器规格选用不当，每只扣5分				
	第一次试运行不成功，扣10分				
	第二次试运行不成功，扣15分				
	第三次试运行不成功，扣20分				
安全文明生产	不遵守安全文明生产规程，扣2~5分	5			
	施工完成后不认真清理现场，扣2~5分				
施工用时	实际用时每超额定用时5 min，扣1分	5			
总分		100			

任务3 PLC控制三台电动机顺序启停

一、任务描述

本任务主要进行PLC控制三台电动机顺序启停的设计、安装与调试，通过本任务，使

15

学生掌握 PLC 控制电动机顺序启停的原理、PLC 编程技术，能熟练地绘制电气元件布置图和电气安装接线图，能处理常见故障。

二、任务要求

三台电动机顺序启停主电路图如图 1—3—1 所示，控制电路图如图 1—3—2 所示。

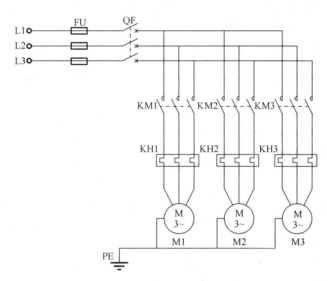

图 1—3—1　PLC 控制三台电动机顺序启停主电路图

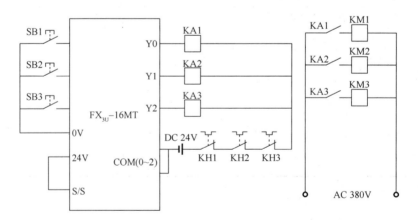

图 1—3—2　PLC 控制三台电动机顺序启停控制电路图

1. 控制要求

（1）三台电动机 M1、M2、M3 启动时，按 6 s 的时间间隔以 M1、M2、M3 的顺序启动。

（2）三台电动机 M1、M2、M3 停止时，按 5 s 的时间间隔以 M3、M2、M1 的顺序停止。

2. 工作方式

当按下手动启动按钮时，系统只运行一次上述过程；当按下自动启动按钮时，系统重复循环上述过程，直到按下停止按钮，系统停止运行。

3. 有必要的电气互锁功能。

4. 额定用时 2 h。

三、任务准备

1. 电动机顺序启停的意义

（1）为了满足企业的生产工艺要求，经常需要几台电动机按一定的顺序配合工作。

（2）电动机的启动电流较大，一般为额定电流的 5~10 倍，顺序启停可减小线路总电流，使线路更安全，因而可以将电缆直径选择得更小，以降低成本。

2. PLC 控制三台电动机顺序启停的工作原理

利用 PLC 定时器可控制电动机顺序启停。

当按下启动按钮 SB1 时，系统开始工作，PLC 控制接触器 KM1，使其线圈得电，其主触头将电动机 M1 接至电源，M1 启动，同时，定时器 T1 开始计时，当 T1 定时的 6 s 时间到，PLC 控制接触器 KM2，使其线圈得电，其主触头将电动机 M2 接至电源，M2 启动，同时，定时器 T2 开始计时，当 T2 定时的 6 s 时间到，PLC 控制接触器 KM3，使其线圈得电，其主触头将电动机 M3 接至电源，M3 启动。

当按下停止按钮 SB2 时，电动机 M3 立刻停止，定时器 T3 开始计时，当 T3 定时的 5 s 时间到，PLC 输出断开，控制接触器 KM2 的线圈失电，M2 停止，定时器 T4 开始计时，当 T4 定时的 5 s 时间到，PLC 输出断开，控制接触器 KM1 的线圈失电，M1 停止。

四、任务实施

1. 组建小组

任务实施以小组为单位，将班级学生分为 8 个小组，每小组 4 人。每个小组中，1 人为小组长，负责组织小组成员制订工作计划、实施工作计划、汇总小组成果等，并指派专人负责领取和分发材料。

2. 制订工作计划

根据任务要求，制订合理的工作计划，根据小组成员的特点进行分工，并填写表 1—3—1。

表 1—3—1 工作计划

序号	工作内容	时间	负责人
1			
2			
3			
4			
5			
6			
7			
8			

3. 准备材料

将表 1—3—2 填写完整，向仓库管理员提供该领用材料清单，并领用材料。

表 1—3—2 领用材料清单

序号	名称	规格	数量	备注
1				
2				
3				
4				
5				
6				
7				
8				
9				
10				
11				
12				
13				
14				
15				
16				

4. I/O 分配

根据任务要求，进行 I/O 分配，并填写表 1—3—3。

表 1—3—3   I/O 分配表

输入			输出		
名称	代号	输入继电器	名称	代号	输出继电器

5. 设计电气安装接线图

设计 PLC 控制 I/O 接口的电气安装接线图。

6. 设计 PLC 梯形图并编程

设计、画出 PLC 梯形图，并在编程软件 GX Developer 上编程。

7. 接线并检查

根据电气安装接线图完成接线，并使用万用表电阻挡检查接线。如有故障，应及时解决，并填写表 1—3—4。

表 1—3—4　　　　　　　　　　接线故障分析及处理

故障现象	故障原因	处理方法

8. 通电试运行

（1）接通控制电路，观察各元器件、线路是否正常。

（2）接通主电路，观察电动机工作情况是否正常。如不正常，应立即切断电源进行检查，调整或修复后再次通电试运行。

（3）故障全部解决后，填写表1—3—5。

表1—3—5 通电试运行故障分析及处理

故障现象	故障原因	处理方法

9. 清理现场、归置物品

按照现场管理规范清理现场、归置物品。

五、任务评价

按照表1—3—6的评价内容及标准进行自我评价、学生互评和教师评价。

表1—3—6 任务评价

评价内容及标准		配分	评分		
			自我评价	学生互评	教师评价
准备材料	元器件漏检或错检，每只扣1分	10			
	元器件功能不可靠，每只扣2分				
安装布线	元器件布置不合理，扣5分	30			
	元器件安装不牢固，每只扣4分				
	元器件安装不整齐、不匀称或不合理，每只扣3分				
	元器件损坏，每只扣15分				
	导线沿线槽敷设不符合要求，每处扣2分				
	不按电气安装接线图接线，扣20分				
	布线不符合要求，扣3分				
	导线接点松动、露铜过长等，每根扣1分				
	导线绝缘层或线芯损伤，每根扣5分				
	漏装或套错编码套管，每只扣1分				
	漏接接地线，扣10分				

评价内容及标准		配分	评分		
			自我评价	学生互评	教师评价
故障分析	分析故障、排除故障思路不正确，扣 5~10 分	10			
	标错电路故障范围，扣 5 分				
故障排除	断电后不验电，扣 5 分	20			
	工具及仪表使用不当，每次扣 5 分				
	不能查出故障点，每次扣 5 分				
	能查出故障点但不能排除故障，每次扣 10 分				
	损坏元器件，每只扣 5~10 分				
通电试运行	I/O 分配表和电气安装接线图错误，每处扣 2 分	20			
	PLC 程序编制错误，每处扣 5 分				
	熔断器规格选用不当，每只扣 5 分				
	第一次试运行不成功，扣 10 分				
	第二次试运行不成功，扣 15 分				
	第三次试运行不成功，扣 20 分				
安全文明生产	不遵守安全文明生产规程，扣 2~5 分	5			
	施工完成后不认真清理现场，扣 2~5 分				
施工用时	实际用时每超额定用时 5 min，扣 1 分	5			
总分		100			

任务 4 PLC 控制液体混合装置

一、任务描述

本任务主要进行 PLC 控制液体混合装置的设计、安装与调试，通过本任务，使学生掌握 PLC 控制液体混合装置的工作原理、PLC 顺序控制编程技术，能熟练地绘制电气元件布置图和电气安装接线图，能处理常见故障。

二、任务要求

液体混合装置控制系统示意图如图 1—4—1 所示。Y1、Y2、Y3 分别为液体 A、B、C 的进液控制阀，Y4 为排液阀，M 为液体搅拌电动机，L1、L2、L3 为液位传感器，T 为温度传感器，H 为电炉。

1. 控制要求

（1）初始状态时，容器为空，Y1 = OFF，Y2 = OFF，Y3 = OFF，Y4 = OFF，L1 = OFF，L2 = OFF，L3 = OFF。

（2）当按下启动按钮时，Y1 = ON，液体 A 进入容器；当液面达到 L3 时，L3 = ON，Y1 = OFF，Y2 = ON，液体 B 进入容器；当液面达到 L2 时，L2 = ON，Y2 = OFF，Y3 = ON，液体 C 进入容器；当液面达到 L1 时，L1 = ON，Y3 = OFF，M 开始搅拌。

（3）搅拌 10 s 后，M = OFF，H = ON，开始对液体进行加热。

（4）达到一定温度时，T = ON，H = OFF，停止加热，Y4 = ON，放出混合液。

（5）液面下降到 L3 时，L3 = OFF，5 s 后，容器变空，Y4 = OFF。

（6）要求间隔 5 s 后开始下一个周期，如此循环。

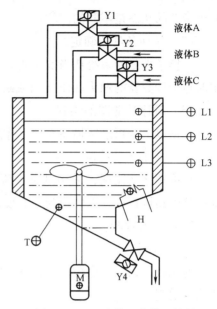

图1—4—1 液体混合装置控制系统示意图

2. 工作方式

按下启动按钮后，自动循环；按下停止按钮后，系统在结束一个混合过程后才停止。

3. 有必要的电气互锁功能。

4. 额定用时 2 h。

三、任务准备

1. PLC 顺序控制

PLC 顺序控制即按照生产工艺预先规定的顺序，在各个输入信号的作用下，各个执行机构根据内部状态和时间顺序，在生产过程中自动有序地工作。

PLC 顺序控制设计法是一种先进的设计方法，程序的编写、调试、修改和阅读等很容易，可大大缩短设计周期，提高设计效率。

使用 PLC 顺序控制设计法时，应首先根据系统的工艺过程，画出顺序功能图（SFC），然后根据顺序功能图设计、画出 PLC 梯形图。PLC 顺序控制设计法的基本步骤如下：

（1）步的划分

在分析被控对象的工作过程及控制要求时，将系统的工作过程划分成若干个阶段，这些阶段称为步。步是根据 PLC 输出量的状态划分的，只要系统的输出量状态发生变化，系统就从原来的步进入新的步。在每一步内，PLC 各输出量状态均保持不变，但是相邻两步输出量总的状态是不同的。

（2）转换条件的确定

转换条件是使系统从当前步进入下一步的条件。常见的转换条件有按钮、行程开关、定时器和计数器的触头动作（通或断）等。

（3）顺序功能图的绘制

根据以上分析绘制描述系统工作过程的顺序功能图是顺序控制设计法中的关键步骤。

（4）梯形图的绘制

根据顺序功能图，采用某种编程方式设计梯形图时，常用的设计方法有三种：启一保—停电路设计法、以转换为中心设计法、步进顺控指令设计法。

2. 状态流程图

（1）应用

对比较复杂的顺序控制进行编程时，首先要根据控制过程绘制状态流程图，然后用步进指令实现。

（2）三要素

1）状态的任务，即该状态要做什么。

2）状态的转移条件，即满足什么条件时实现状态转移。

3）状态转移的方向，即转移至什么状态。

（3）状态元器件

1）初始状态继电器：S0～S9。

2）回零状态继电器：S10～S19。

3）通用状态继电器：S20～S899。

3. 顺序功能图

顺序功能图主要分为如下三类。

（1）单一流程的顺序功能图

单一流程是指步与步之间以单线相连，从起步到结束没有分支。

（2）有条件分支的顺序功能图

控制线路中会遇到按不同条件进行不同动作的要求，如装配流水线上根据正品与非正品进行不同的加工包装，机械手根据抓取物品的类别移到相应的工作台等，这些都属于有条件转移。有条件分支的顺序功能图如图1—4—2所示，当步进点S20动作后，转移条件X1、X11中的哪一个成立，就执行哪一个流程。

（3）有并行流程的顺序功能图

在步进移动中，如果一个转移条件成立后，有两个或两个以上的步进回路同时被执行，则称为并行流程方式。当每一个回路功能都执行完成后，再汇合成一点，执行下一个步进点。有并行流程的顺序功能图如图1—4—3所示，在步进点S20被执行后，如果转移条件 X1 满足，则 S30、S31 回路与 S40、S41 回路同时执行，执行较快的回路须等待，在每一个并行回路都执行完成且同时满足条件 X2 后，再执行 S50 的动作。

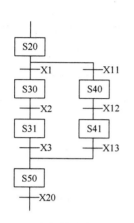 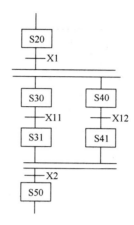

图1—4—2　有条件分支的顺序功能图　　　图1—4—3　有并行流程的顺序功能图

四、任务实施

1. 组建小组

任务实施以小组为单位，将班级学生分为 8 个小组，每小组 4 人。每个小组中，1 人为小组长，负责组织小组成员制订工作计划、实施工作计划、汇总小组成果等，并指派专人负责领取和分发材料。

2. 制订工作计划

根据任务要求，制订合理的工作计划，根据小组成员的特点进行分工，并填写表1—4—1。

表 1—4—1　　　　　　　　　　工作计划

序号	工作内容	时间	负责人
1			
2			
3			
4			
5			
6			
7			
8			

3. 准备材料

将表1—4—2填写完整，向仓库管理员提供该领用材料清单，并领用材料。

表1—4—2 领用材料清单

序号	名称	规格	数量	备注
1				
2				
3				
4				
5				
6				
7				
8				
9				
10				
11				
12				
13				
14				
15				
16				

4. I/O分配

根据任务要求，进行I/O分配，并填写表1—4—3。

表1—4—3 I/O分配表

输入			输出		
名称	代号	输入继电器	名称	代号	输出继电器

5. 设计电气安装接线图

设计 PLC 控制 I/O 接口的电气安装接线图。

6. 画图并编程

画出 PLC 状态转移图，在编程软件 GX Developer 上编程，并画出顺序功能图。

7. 接线并检查

根据电气安装接线图完成接线，并使用万用表电阻挡检查接线。如有故障，应及时解决，并填写表1—4—4。

表1—4—4 接线故障分析及处理

故障现象	故障原因	处理方法

8. 通电试运行

（1）接通控制电路，观察各元器件、线路是否正常。

（2）接通主电路，观察电动机工作情况是否正常。如不正常，应立即切断电源进行检查，调整或修复后再次通电试运行。

（3）故障全部解决后，填写表1—4—5。

表1—4—5 通电试运行故障分析及处理

故障现象	故障原因	处理方法

9. 清理现场、归置物品

按照现场管理规范清理现场、归置物品。

五、任务评价

按照表1—4—6的评价内容及标准进行自我评价、学生互评和教师评价。

表1—4—6 任务评价

评价内容及标准		配分	评分		
			自我评价	学生互评	教师评价
准备材料	元器件漏检或错检，每只扣1分	10			
	元器件功能不可靠，每只扣2分				
安装布线	元器件布置不合理，扣5分	30			
	元器件安装不牢固，每只扣4分				
	元器件安装不整齐、不匀称或不合理，每只扣3分				
	元器件损坏，每只扣15分				
	导线沿线槽敷设不符合要求，每处扣2分				
	不按电气安装接线图接线，扣20分				
	布线不符合要求，扣3分				
	导线接点松动、露铜过长等，每根扣1分				
	导线绝缘层或线芯损伤，每根扣5分				
	漏装或套错编码套管，每只扣1分				
	漏接接地线，扣10分				
故障分析	分析故障、排除故障思路不正确，扣5~10分	10			
	标错电路故障范围，扣5分				
故障排除	断电后不验电，扣5分	20			
	工具及仪表使用不当，每次扣5分				
	不能查出故障点，每次扣5分				
	能查出故障点但不能排除故障，每次扣10分				
	损坏元器件，每只扣5~10分				
通电试运行	I/O分配表和电气安装接线图错误，每处扣2分	20			
	PLC程序编制错误，每处扣5分				
	熔断器规格选用不当，每只扣5分				
	第一次试运行不成功，扣10分				
	第二次试运行不成功，扣15分				
	第三次试运行不成功，扣20分				
安全文明生产	不遵守安全文明生产规程，扣2~5分	5			
	施工完成后不认真清理现场，扣2~5分				

评价内容及标准		配分	评分		
			自我评价	学生互评	教师评价
施工用时	实际用时每超额定用时 5 min，扣 1 分	5			
总分		100			

任务5　PLC控制自动洗衣机

一、任务描述

本任务主要进行 PLC 控制自动洗衣机的设计、安装与调试，通过本任务，使学生掌握 PLC 控制自动洗衣机的工作原理、PLC 编程技术，能熟练地绘制电气元件布置图和电气安装接线图，能处理常见故障。

二、任务要求

1. 控制要求

（1）按下启动按钮，进水阀指示灯亮，进水阀打开，开始向洗衣桶内注水，下限开关闭合。

（2）水位到达上限位置时，上限开关闭合，进水阀指示灯灭，进水阀关闭。

（3）波轮开始旋转，左转 5 s，停 1 s，再右转 5 s，停 1 s，如此循环。

（4）运行 4 min 后，波轮停止旋转，排水阀指示灯亮，排水阀打开，开始排水。

（5）水位降到下限位置时，下限开关断开，排水阀仍然打开，排水阀指示灯继续亮。

（6）脱水桶指示灯亮，脱水桶开始工作。

（7）脱水桶工作 1 min 后，蜂鸣器响（5 s 后停止），整个洗衣过程完成。

（8）按下停止按钮，洗衣机停止工作。

（9）按下手动排水按钮，洗衣机开始排水。

2. 工作方式

按下启动按钮，系统执行一次上述过程。

3. 电路设计

根据控制要求，列出 I/O 分配表，设计梯形图及 PLC 控制 I/O 接口的电气安装接线图。

4. 模拟调试

将所编程序输入 PLC，按照动作要求进行模拟调试，至达到设计要求。

5. 额定用时 2 h。

三、任务准备

1. PLC 单流程顺序控制编程应用

没有分支的状态转移图称为单流程。某台车机械动作示意图如图 1—5—1 所示，图中给出了机械动作的过程，分两次前进和后退，进程长度不一样。现以此为例，进行分析。

（1）机械动作

按下启动按钮时，台车前进，直到限位开关 SQ1 动作，台车后退，直到限位开关 SQ2 动作，台车停 5 s 后再前进，直到限位开关 SQ3 动作，台车后退，一小段时间后，限位开关 SQ2 再次动作，这时驱动台车的电动机停止。

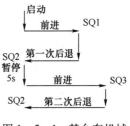

图 1—5—1　某台车机械
动作示意图

（2）I/O 分配（见表 1—5—1）

表 1—5—1　　　　　　　　　　I/O 分配

输入		输出	
启动按钮	X0	前进	Y0
停止按钮	X1	后退	Y1
限位开关 SQ1	X2		
限位开关 SQ2	X3		
限位开关 SQ3	X4		

（3）PLC 控制 I/O 的电气安装接线图（见图 1—5—2）

（4）状态转移图（见图 1—5—3）

（5）顺序控制步进程序（见图 1—5—4）

2. 编程软件 GX Developer 的 SFC 编程

如果程序比较简单，建议用步进梯形图直接编程，如果程序复杂且较长，又有许多跳跃与分支，建议用 SFC 编程。下面以图 1—5—5 所示的单流程状态流程图为例，介绍 SFC 编程。

（1）打开软件，创建新工程。点击"创建新工程"后，出现如图 1—5—6 所示的"创建新工程"对话框。

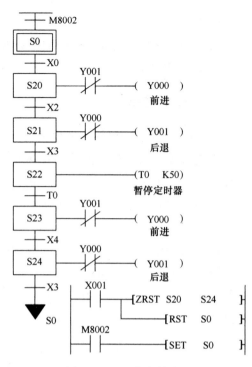

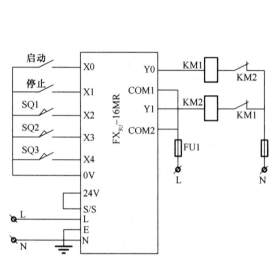

图 1—5—2 PLC 控制 I/O 的电气安装接线图

图 1—5—3 状态转移图

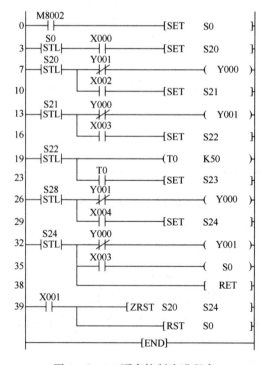

图 1—5—4 顺序控制步进程序

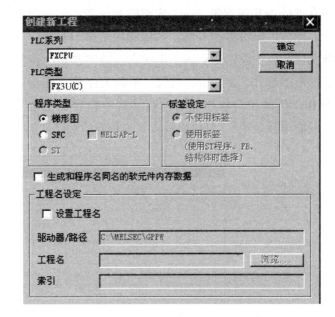

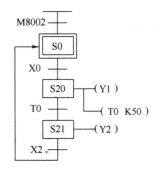

图1—5—5　单流程状态流程图　　　　　　图1—5—6　"创建新工程"对话框

（2）在"程序类型"栏中，选中"SFC"，在"设置工程名"前打钩，点击"浏览"选择要保存的路径，在"工程名"的空格中填写工程名称，如图1—5—7所示。

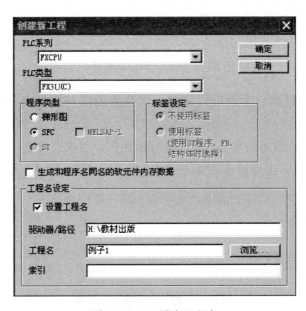

图1—5—7　设定工程名

（3）点击"确定"，出现如图1—5—8所示的新建工程确定对话框。

（4）点击"是"，出现如图1—5—9所示的块信息表格。

在进行 SFC 编程时，一个完整的顺序功能图由两个部分组成，即梯形图块与 SFC 块。梯形图块是在 SFC 程序中与主母线相连的程序段，是不属于步状态而游离在整个步结构之外的梯形图部分，如起始、结束、单独关停及其在步进返回指令 RET 后的用户程序段的内容（这些内容无法编到 SFC 中，只能单独处理）。SFC 块是步与步相连的顺序功能图。

MELSOFT系列 GX Developer
指定的工程不存在。
新建工程吗？
是(Y)
否(N)

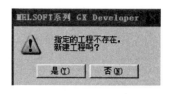

图 1—5—8　新建工程确定对话框

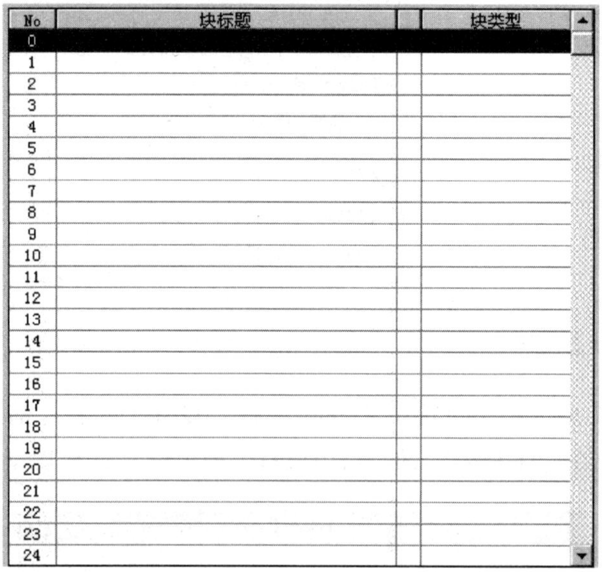

No
块标题
块类型
0
1
2
3
4
5
6
7
8
9
10
11
12
13
14
15
16
17
18
19
20
21
22
23
24

图 1—5—9　块信息表格

编写完成后，要对每一个块进行变换，变换后的每一个块自动组合成一个完整的程序。

（5）以图 1—5—5 所示的单流程状态流程图为例，对块进行定义。

1）定义梯形图块。应使游离在 SFC 之外的 M8002 有一条起始梯形图语句，如图 1—5—10 所示，它是进入顺序功能图的条件而不属于顺序功能图，它是一个梯形图块，应单独作为一个块来处理。

M8002
0
[SET
S0
]

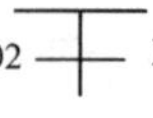

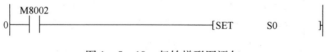

图 1—5—10　起始梯形图语句

具体操作方法是在图 1—5—9 所示块信息表格中，专门把它作为一个块来设置。如图 1—5—11 所示，双击标题“No. 0”，出现一个对话框，填入“块标题”，如“起始步”，然后选中“梯形图块”，并点击“执行”，出现图 1—5—12 所示的梯形图块编辑界面，编辑界面有两个区，左边是SFC编辑区，右边是梯形图编辑区，将光标移到梯形图编辑区左母线的空白区，输入"M8002"的常开触头，按回车键，再按F8键，输入"SET S0"后，再按回车键，出现如图1—5—13所示的写入语句界面。

图1—5—11　设置梯形图块

图1—5—12　梯形图块编辑界面

图 1—5—13 写入语句界面

点击 程序 ▼ □ 中空白方框的下拉菜单，选择"MAIN"，即出现如图 1—5—14 所示变换后的块信息列表。"梯形图块"前面的"—"表示已经变换。如果"梯形图块"前面是"＊"，则表示未变换，需要依次点击菜单栏中的"变换""块变换"，编辑块，使"＊"变成"—"。

图 1—5—14 变换后的块信息列表

2）定义 SFC 块。双击标题"No. 1"，出现如图 1—5—15 所示的"块信息设置"对话框。填写"块标题"的空白栏，选中"SFC 块"，点击"执行"按钮，出现如图 1—5—16

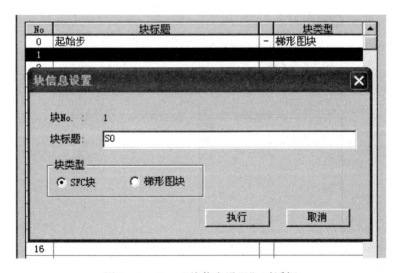

图 1—5—15 "块信息设置"对话框

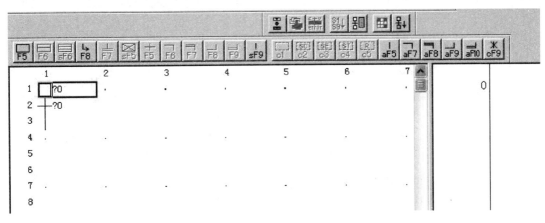

图1—5—16　SFC编辑界面

所示的SFC编辑界面。在编辑界面中，出现了表示初始状态的双线框图标、表示状态相连的有向连线图标和表示转移条件的横线图标。图标右侧若有"？0"字样，表示初始状态S0内还没有驱动输出梯形图。图标左侧有一列数字，为图标所在行的位置编号。图标上侧有一行数字，为图标所在列的位置编号。

连续按回车键，直到框图基本与所需的一致，然后在"图标号"下拉框中选"JUMP"，如图1—5—17所示。在空白栏中填写"0"后，按回车键，出现如图1—5—18所示的SFC基本框图。

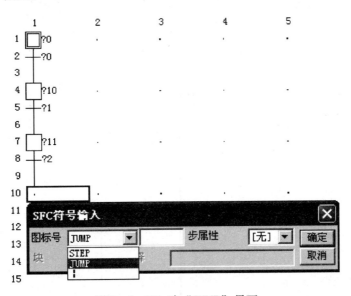

图1—5—17　选"JUMP"界面

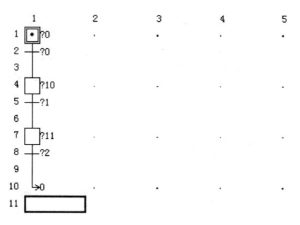

图 1—5—18　SFC 基本框图

把光标移动到转移条件"？10"处，双击鼠标左键，出现如图 1—5—19 所示的"SFC 符号输入"对话框，把"10"改成与原 SFC 对应的"20"，单击"确定"按钮。

用同样的方法修改转移条件"？11"。修改完成后，成为如图 1—5—20 所示的步序与原图—致的 SFC 编辑界面。

图 1—5—19　"SFC 符号输入"对话框

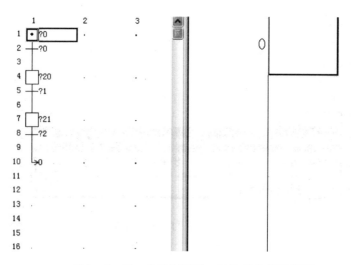

图 1—5—20　步序与原图—致的 SFC 编辑界面

在本例中，因为初始状态 S0 没有驱动输出，所以不必编辑这一状态的输出内置梯形图。将光标移到转移条件"？0"处，单击右边梯形图编辑区左母线的空白区，输入"X000"的常开触头后按回车键，输入"TRAN"后按回车键，如图 1—5—21 所示。再按 F4 键进行变换。

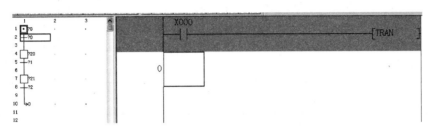

图 1—5—21　转移条件的写入

将光标移到第四行第一列的"20"处，单击右边梯形图编辑区，输入该状态的驱动负载，单击菜单栏上的"变换"按钮或按 F4 键进行变换，变换后的 S20 的驱动输出如图 1—5—22 所示。

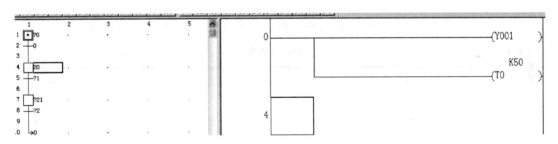

图 1—5—22　变换后的 S20 的驱动输出

用同样的方法输入所有的转移条件和驱动负载，并变换。

四、任务实施

1. 组建小组

任务实施以小组为单位，将班级学生分为 8 个小组，每小组 4 人。每个小组中，1 人为小组长，负责组织小组成员制订工作计划、实施工作计划、汇总小组成果等，并指派专人负责领取和分发材料。

2. 制订工作计划

根据任务要求，制订合理的工作计划，根据小组成员的特点进行分工，并填写表 1—5—2。

表 1—5—2   工作计划

序号	工作内容	时间	负责人
1			
2			
3			
4			
5			
6			
7			
8			

3. 准备材料

将表 1—5—3 填写完整，向仓库管理员提供该领用材料清单，并领用材料。

表 1—5—3   领用材料清单

序号	名称	规格	数量	备注
1				
2				
3				
4				
5				
6				
7				
8				
9				
10				
11				
12				
13				

序号	名称	规格	数量	备注
14				
15				
16				

4. I/O 分配

根据任务要求，进行 I/O 分配，并填写表 1—5—4。

表 1—5—4　　　　　　　　　　I/O 分配表

输入			输出		
名称	代号	输入继电器	名称	代号	输出继电器

5. 设计电气安装接线图

设计 PLC 控制 I/O 接口的电气安装接线图。

6. 画图并编程

画出 PLC 状态转移图，在编程软件 GX Developer 上编程，并画出顺序功能图。

7. 接线并检查

根据电气安装接线图完成接线，并使用万用表电阻挡检查接线。如有故障，应及时解决，并填写表 1—5—5。

表 1—5—5　　　　　　　　　　　　接线故障分析及处理

故障现象	故障原因	处理方法

故障现象	故障原因	处理方法

8. 通电试运行

（1）接通控制电路，观察各元器件、线路是否正常。

（2）接通主电路，观察电动机工作情况是否正常。如不正常，应立即切断电源进行检查，调整或修复后再次通电试运行。

（3）故障全部解决后，填写表1—5—6。

表1—5—6　　　　　　　　　通电试运行故障分析及处理

故障现象	故障原因	处理方法

9. 清理现场、归置物品

按照现场管理规范清理现场、归置物品。

五、任务评价

按照表1—5—7的评价内容及标准进行自我评价、学生互评和教师评价。

表1—5—7   任务评价

评价内容及标准		配分	评分		
			自我评价	学生互评	教师评价
准备材料	元器件漏检或错检，每只扣1分	10			
	元器件功能不可靠，每只扣2分				
安装布线	元器件布置不合理，扣5分	30			
	元器件安装不牢固，每只扣4分				
	元器件安装不整齐、不匀称或不合理，每只扣3分				
	元器件损坏，每只扣15分				
	导线沿线槽敷设不符合要求，每处扣2分				
	不按电气安装接线图接线，扣20分				
	布线不符合要求，扣3分				
	导线接点松动、露铜过长等，每根扣1分				
	导线绝缘层或线芯损伤，每根扣5分				
	漏装或套错编码套管，每只扣1分				
	漏接接地线，扣10分				
故障分析	分析故障、排除故障思路不正确，扣5~10分	10			
	标错电路故障范围，扣5分				
故障排除	断电后不验电，扣5分	20			
	工具及仪表使用不当，每次扣5分				
	不能查出故障点，每次扣5分				
	能查出故障点但不能排除故障，每次扣10分				
	损坏元器件，每只扣5~10分				
通电试运行	I/O分配表和电气安装接线图错误，每处扣2分	20			
	PLC程序编制错误，每处扣5分				
	熔断器规格选用不当，每只扣5分				
	第一次试运行不成功，扣10分				
	第二次试运行不成功，扣15分				
	第三次试运行不成功，扣20分				
安全文明生产	不遵守安全文明生产规程，扣2~5分	5			
	施工完成后不认真清理现场，扣2~5分				
施工用时	实际用时每超额定用时5 min，扣1分	5			
总分		100			

任务6　PLC控制十字路口交通信号灯

一、任务描述

本任务主要进行PLC控制十字路口交通信号灯的设计、安装与调试，通过本任务，使学生掌握PLC控制十字路口交通信号灯的工作原理、PLC顺序控制的并行性流程程序编程技术，能处理常见故障。

二、任务要求

在城市十字路口的东西方向和南北方向均装设了红、绿、黄三色交通信号灯，为了保证交通安全，红、绿、黄三色交通信号灯必须按照一定的时序轮流发亮。十字路口交通信号灯示意图及其时序图如图1—6—1所示。

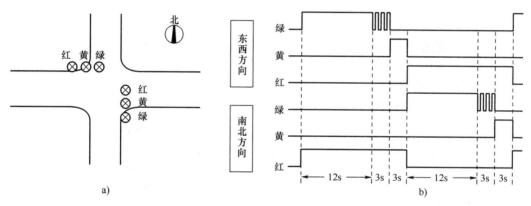

图1—6—1　十字路口交通信号灯示意图及其时序图

a）示意图　b）时序图

1. 控制要求

（1）启动

当按下启动按钮时，交通信号灯系统开始工作。

（2）停止

当按下停止按钮时，交通信号灯系统停止工作。

（3）正常时序

1）交通信号灯系统开始工作时，南北方向的红色交通信号灯亮，东西方向的绿色交通信号灯亮。

2）南北方向的红色交通信号灯持续亮18 s，同时，东西方向的绿色交通信号灯持续亮 12 s，然后闪亮 3 s 后熄灭（闪亮 3 个周期，每个周期 1 s，每个周期中亮 0.5 s、暗 0.5 s），东西方向的黄色交通信号灯持续亮 3 s 后熄灭。然后，东西方向的红色交通信号灯亮，南北方向的绿色交通信号灯亮。

3）东西方向的红色交通信号灯持续亮 18 s，同时，南北方向的绿色交通信号灯持续亮 12 s，然后闪亮 3 s 后熄灭（闪亮 3 个周期，每个周期 1 s，每个周期中亮 0.5 s、暗 0.5 s），南北方向的黄色交通信号灯持续亮 3 s 后熄灭。然后，南北方向的红色交通信号灯亮，东西方向的绿色交通信号灯亮。

2. 工作方式

按下启动按钮，系统循环执行上述过程；按下停止按钮，系统停止。

3. 电路设计

根据控制要求，列出 I/O 分配表，设计状态转移图及 PLC 控制 I/O 接口电气安装接线图。

4. 模拟调试

将所编程序输入 PLC，按照动作要求进行模拟调试，至达到设计要求。

5. 额定用时 2 h。

三、任务准备

1. 控制要求分析

根据图 1—6—1 及控制要求，列出十字路口交通信号灯的工作流程，如图 1—6—2 所示。

这是一个典型的并行性工作流程，可进行并行性流程程序编程。

2. 并行性流程程序

由两个及以上的分支流程组成，但必须同时执行各分支的程序，称为并行性流程程序。并行性分支的编程与选择性分支的编程一样，需先进行驱动处理，然后进行转移处理，所有的转移处理应按顺序执行。并行性汇合的编程与选择性汇合的编程一样，也是先进行汇合前状态的驱动处理，然后按顺序向汇合状态进行转移处理。并行性流程的汇合最多能实现 8 个流程的汇合。

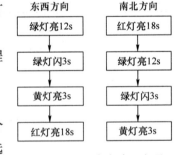

图 1—6—2 十字路口交通信号灯的工作流程

四、任务实施

1. 组建小组

任务实施以小组为单位，将班级学生分为 8 个小组，每小组 4 人。每个小组中，1 人为小组长，负责组织小组成员制订工作计划、实施工作计划、汇总小组成果等，并指派专人负责领取和分发材料。

2. 制订工作计划

根据任务要求，制订合理的工作计划，根据小组成员的特点进行分工，并填写表1—6—1。

表1—6—1 工作计划

序号	工作内容	时间	负责人
1			
2			
3			
4			
5			
6			
7			
8			

3. 准备材料

将表1—6—2填写完整，向仓库管理员提供该领用材料清单，并领用材料。

表1—6—2 领用材料清单

序号	名称	规格	数量	备注
1				
2				
3				
4				
5				
6				

续表

序号	名称	规格	数量	备注
7				
8				
9				
10				
11				
12				
13				
14				
15				
16				

4. I/O 分配

根据任务要求，进行 I/O 分配，并填写表 1—6—3。

表 1—6—3　　　　　　　　　　I/O 分配表

输入			输出		
名称	代号	输入继电器	名称	代号	输出继电器

5. 设计电气安装接线图

设计 PLC 控制 I/O 接口的电气安装接线图。

6. 画图并编程

画出 PLC 状态转移图，在编程软件 GX Developer 上编程，并画出顺序功能图。

7. 接线并检查

根据电气安装接线图完成接线，并使用万用表电阻挡检查接线。如有故障，应及时解决，并填写表1—6—4。

表1—6—4   接线故障分析及处理

故障现象	故障原因	处理方法

8. 通电试运行

（1）接通控制电路，观察各元器件、线路是否正常。

（2）接通主电路，观察电动机工作情况是否正常。如不正常，应立即切断电源进行检查，调整或修复后再次通电试运行。

（3）故障全部解决后，填写表1—6—5。

表1—6—5   通电试运行故障分析及处理

故障现象	故障原因	处理方法

9. 清理现场、归置物品

按照现场管理规范清理现场、归置物品。

五、任务评价

按照表 1—6—6 的评价内容及标准进行自我评价、学生互评和教师评价。

表 1—6—6   任务评价

评价内容及标准		配分	评分		
			自我评价	学生互评	教师评价
准备材料	元器件漏检或错检，每只扣 1 分	10			
	元器件功能不可靠，每只扣 2 分				
安装布线	元器件布置不合理，扣 5 分	30			
	元器件安装不牢固，每只扣 4 分				
	元器件安装不整齐、不匀称或不合理，每只扣 3 分				
	元器件损坏，每只扣 15 分				
	导线沿线槽敷设不符合要求，每处扣 2 分				
	不按电气安装接线图接线，扣 20 分				
	布线不符合要求，扣 3 分				
	导线接点松动、露铜过长等，每根扣 1 分				
	导线绝缘层或线芯损伤，每根扣 5 分				
	漏装或套错编码套管，每只扣 1 分				
	漏接接地线，扣 10 分				
故障分析	分析故障、排除故障思路不正确，扣 5~10 分	10			
	标错电路故障范围，扣 5 分				
故障排除	断电后不验电，扣 5 分	20			
	工具及仪表使用不当，每次扣 5 分				
	不能查出故障点，每次扣 5 分				
	能查出故障点但不能排除故障，每次扣 10 分				
	损坏元器件，每只扣 5~10 分				
通电试运行	I/O 分配表和电气安装接线图错误，每处扣 2 分	20			
	PLC 程序编制错误，每处扣 5 分				
	熔断器规格选用不当，每只扣 5 分				
	第一次试运行不成功，扣 10 分				
	第二次试运行不成功，扣 15 分				
	第三次试运行不成功，扣 20 分				

评价内容及标准		配分	评分		
			自我评价	学生互评	教师评价
安全文明生产	不遵守安全文明生产规程，扣2~5分	5			
	施工完成后不认真清理现场，扣2~5分				
施工用时	实际用时每超额定用时5 min，扣1分	5			
总分		100			

任务7 PLC 控制双速电动机

一、任务描述

在生产过程中，不同的工艺要求电动机工作在不同速段。本任务主要进行 PLC 控制双速电动机的设计、安装与调试，通过本任务，使学生掌握双速电动机自动变速控制线路工作原理、PLC 编程技术，能熟练地绘制电气元件布置图和电气安装接线图，能处理常见故障。

二、任务要求

双速电动机自动变速控制线路图如图 1—7—1 所示。

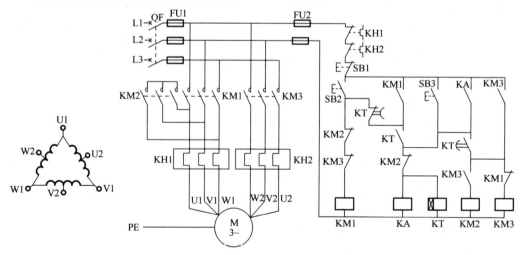

图 1—7—1　双速电动机自动变速控制线路图

1. 根据图 1—7—1，分析双速电动机自动变速控制原理。

2. 使用三菱可编程控制器进行程序控制。

3. 电路设计

根据控制要求，列出 I/O 分配表，设计梯形图及 PLC 控制 I/O 接口电气安装接线图。

4. 模拟调试

将所编程序输入 PLC，按照动作要求进行模拟调试，至达到设计要求。

5. 通电试验

模拟调试成功后，在教师的监督下，接通 380 V 电源，通电运行，并观察。

6. 额定用时 2 h。

三、任务准备

1. 双速电动机简介

双速电动机属于异步电动机变极调速，它通过改变定子绕组的连接方法改变定子旋转磁场的磁极对数，从而改变电动机的转速。

双速电动机作为重要的动力设备，通常用于驱动泵、风机、压缩机和其他传动机械。双速电动机主要用于煤矿、天然气、石油化工和化学工业等，此外，在纺织、冶金、交通、粮油加工、造纸、医药等领域也被广泛应用。

2. 双速电动机的自动变速控制原理

按下启动按钮 SB2，交流接触器 KM1 线圈回路通电并自锁，KM1 主触头闭合，为电动机引进三相电源，三相电源 L1、L2、L3 分别接定子绕组首端 U1、V1、W1，U2、V2、W2 悬空。电动机在 △ 接法下低速运行。

若转为高速运转，则按下按钮 SB3，KA 线圈回路通电并自锁，KT 线圈回路得电，开始延时，延时时间到，KT 常闭触头断开使接触器 KM1 线圈断电，KM1 主触头断开，使 U1、V1、W1 与 L1、L2、L3 脱离。辅助常闭触头恢复为闭合，为 KM3 线圈回路通电准备，同时，KT 常开延时触头闭合，接触器 KM3 线圈回路通电并自锁，KM2 线圈也因 KM3 常开触头闭合而得电。KM2、KM3 主触头闭合，将定子绕组三个首端 U1、V1、W1 连在一起，并把 L1、L2、L3 分别引入 W2、V2、U2，此时电动机在 YY 接法下高速运行。

启动时，若直接按下按钮 SB3，先是 KM1 动作，电动机在 △ 接法下低速运行，经延时后，电动机切换为在 YY 接法下高速运行。

按下按钮 SB1，电动机停止运行。

四、任务实施

1. 组建小组

任务实施以小组为单位，将班级学生分为 8 个小组，每小组 4 人。每个小组中，1 人为小组长，负责组织小组成员制订工作计划、实施工作计划、汇总小组成果等，并指派专人负责领取和分发材料。

2. 制订工作计划

根据任务要求，制订合理的工作计划，根据小组成员的特点进行分工，并填写表 1—7—1。

表 1—7—1　　　　　　　　　　工作计划

序号	工作内容	时间	负责人
1			
2			
3			
4			
5			
6			
7			
8			

3. 准备材料

将表1—7—2填写完整，向仓库管理员提供该领用材料清单，并领用材料。

表1—7—2　　　　　　　　　　领用材料清单

序号	名称	规格	数量	备注
1				
2				
3				
4				
5				
6				
7				
8				
9				
10				
11				
12				
13				
14				
15				
16				

4. I/O分配

根据任务要求，进行I/O分配，并填写表1—7—3。

表1—7—3　　　　　　　　　　I/O分配表

输入			输出		
名称	代号	输入继电器	名称	代号	输出继电器

5. 设计电气安装接线图

设计 PLC 控制 I/O 接口的电气安装接线图。

6. 设计 PLC 梯形图并编程

设计、画出 PLC 梯形图，并在编程软件 GX Developer 上编程。

7. 接线并检查

根据电气安装接线图完成接线，并使用万用表电阻挡检查接线。如有故障，应及时解决，并填写表1—7—4。

表1—7—4 接线故障分析及处理

故障现象	故障原因	处理方法

8. 通电试运行

（1）接通控制电路，观察各元器件、线路是否正常。

（2）接通主电路，观察电动机工作情况是否正常。如不正常，应立即切断电源进行检查，调整或修复后再次通电试运行。

（3）故障全部解决后，填写表1—7—5。

表1—7—5 通电试运行故障分析及处理

故障现象	故障原因	处理方法

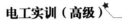

9. 清理现场、归置物品

按照现场管理规范清理现场、归置物品。

五、任务评价

按照表1—7—6的评价内容及标准进行自我评价、学生互评和教师评价。

表1—7—6　　　　　　　　　　　　　任务评价

评价内容及标准		配分	评分		
			自我评价	学生互评	教师评价
准备材料	元器件漏检或错检，每只扣1分	10			
	元器件功能不可靠，每只扣2分				
安装布线	元器件布置不合理，扣5分	30			
	元器件安装不牢固，每只扣4分				
	元器件安装不整齐、不匀称或不合理，每只扣3分				
	元器件损坏，每只扣15分				
	导线沿线槽敷设不符合要求，每处扣2分				
	不按电气安装接线图接线，扣20分				
	布线不符合要求，扣3分				
	导线接点松动、露铜过长等，每根扣1分				
	导线绝缘层或线芯损伤，每根扣5分				
	漏装或套错编码套管，每只扣1分				
	漏接接地线，扣10分				
故障分析	分析故障、排除故障思路不正确，扣5~10分	10			
	标错电路故障范围，扣5分				
故障排除	断电后不验电，扣5分	20			
	工具及仪表使用不当，每次扣5分				
	不能查出故障点，每次扣5分				
	能查出故障点但不能排除故障，每次扣10分				
	损坏元器件，每只扣5~10分				
通电试运行	I/O分配表和电气安装接线图错误，每处扣2分	20			
	PLC程序编制错误，每处扣5分				
	熔断器规格选用不当，每只扣5分				
	第一次试运行不成功，扣10分				
	第二次试运行不成功，扣15分				
	第三次试运行不成功，扣20分				

评价内容及标准		配分	评分		
			自我评价	学生互评	教师评价
安全文明生产	不遵守安全文明生产规程，扣2~5分	5			
	施工完成后不认真清理现场，扣2~5分				
施工用时	实际用时每超额定用时5 min，扣1分	5			
总分		100			

任务8　PLC改造CA6140型车床控制电路

一、任务描述

本任务主要运用 PLC 改造 CA6140 型车床控制电路，通过本任务，使学生了解 CA6140 型车床的结构、主电路、控制电路等，掌握运用 PLC 改造车床控制电路的设计及编程方法。

二、任务要求

根据 CA6140 型车床控制线路图（见图1—8—1），将控制电路部分改为 PLC 控制。

1. 电路设计

根据控制要求，列出 I/O 分配表，设计梯形图及 PLC 控制 I/O 接口的电气安装接线图。

2. 安装与接线

将熔断器、接触器、继电器、PLC、按钮等安装在一块配线板上。配线板上的元器件应布置合理、安装紧固，配线应美观，导线应沿线槽敷设并配有端子标号。

3. 模拟调试

将所编程序输入 PLC，按照动作要求进行模拟调试，至达到设计要求。

4. 通电试验

模拟调试成功后，在教师的监督下，接通 380 V 电源，通电运行，并观察。

5. 额定用时 2 h。

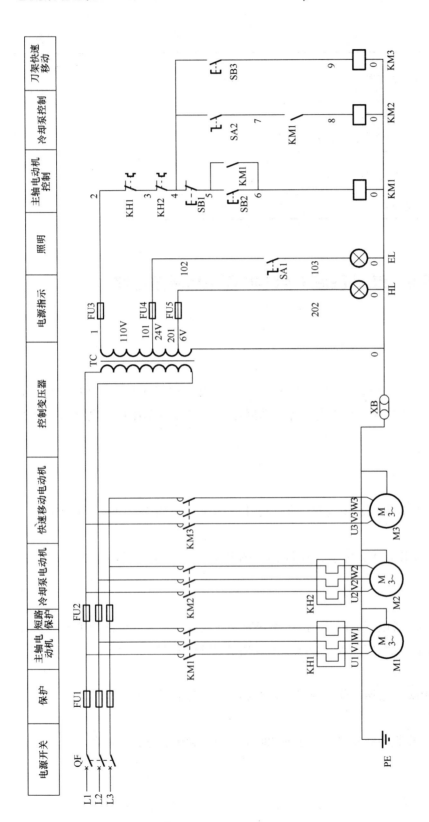

图 1—8—1 CA6140 型车床控制线路图

三、任务准备

1. CA6140型车床的结构

CA6140型车床的结构如图1—8—2所示。

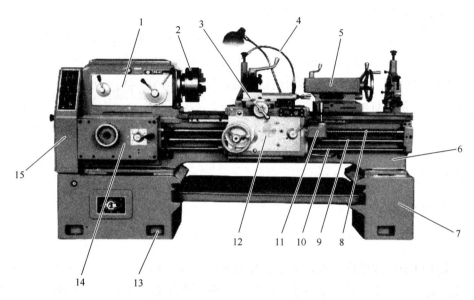

图1—8—2　CA6140型车床的结构

1—主轴箱　2—卡盘　3—刀架　4—切削液管　5—尾座　6—床身　7、13—床脚　8—丝杠
9—光杠　10—操纵杆　11—快移机构　12—溜板箱　14—进给箱　15—交换齿轮箱

2. 主电路

主电路中共有三台电动机：M1为主轴电动机，它带动主轴旋转和刀架做进给运动；M2为冷却泵电动机；M3为刀架快速移动电动机。

三相交流电源通过转换开关引入。主轴电动机M1由接触器KM1控制启动，热继电器KH1为主轴电动机M1的过载保护装置。冷却泵电动机M2由接触器KM2控制启动，热继电器KH2为冷却泵电动机M2的过载保护装置。刀架快速移动电动机M3由接触器KM3控制启动。

3. 控制电路

控制电路的电源由控制变压器TC的二次侧输出110 V电压提供。

（1）主轴电动机M1的控制

按下启动按钮SB2，接触器KM1的线圈得电动作，其主触头闭合，主轴电动机启动运行。同时，KM1的自锁触头和另一副常开触头闭合。按下停止按钮SB1，主轴电动机M1停车。

（2）冷却泵电动机M2的控制

在车削加工过程中，当需要使用切削液时，合上开关 SA2，在主轴电动机 M1 运转的情况下，接触器 KM2 线圈得电吸合，其主触头闭合，冷却泵电动机得电运行。由电气控制线路图可知，只有当 M1 启动后，M2 才有可能启动，当 M1 停止运行时，M2 也自动停止。

（3）刀架快速移动电动机 M3 的控制

刀架快速移动电动机 M3 的启动是由安装在进给操作手柄顶端的按钮 SB3 来控制的，它与交流接触器 KM2 组成点动控制环节。将进给操作手柄扳到所需的方向，按下按钮 SB3，KM2 得电吸合，M3 启动，刀架向指定方向快速移动。

4. 照明灯及信号灯电路

控制变压器 TC 的二次侧分别输出 24 V 和 6 V 电压，作为机床低压照明灯和信号灯的电源。EL 为机床低压照明灯，由开关 SA1 控制，HL 为电源的信号灯，它们分别采用 FU4 和 FU5 进行短路保护。

四、任务实施

1. 组建小组

任务实施以小组为单位，将班级学生分为 8 个小组，每小组 4 人。每个小组中，1 人为小组长，负责组织小组成员制订工作计划、实施工作计划、汇总小组成果等，并指派专人负责领取和分发材料。

2. 制订工作计划

根据任务要求，制订合理的工作计划，根据小组成员的特点进行分工，并填写表 1—8—1。

表 1—8—1　　　　　　　　　　　工作计划

序号	工作内容	时间	负责人
1			
2			
3			

续表

序号	工作内容	时间	负责人
4			
5			
6			
7			
8			

3. 准备材料

将表1—8—2填写完整，向仓库管理员提供该领用材料清单，并领用材料。

表1—8—2　　　　　　　　　　领用材料清单

序号	名称	规格	数量	备注
1				
2				
3				
4				
5				
6				
7				
8				

续表

序号	名称	规格	数量	备注
9				
10				
11				
12				
13				
14				
15				
16				

4. I/O 分配

根据任务要求，进行 I/O 分配，并填写表1—8—3。

表1—8—3　　　　　　　　　　I/O 分配表

输入			输出		
名称	代号	输入继电器	名称	代号	输出继电器

5. 设计电气安装接线图

设计 PLC 控制 I/O 接口的电气安装接线图。

6. 设计 PLC 梯形图并编程

设计、画出 PLC 梯形图，并在编程软件 GX Developer 上编程。

7. 接线并检查

根据电气安装接线图完成接线，并使用万用表电阻挡检查接线。如有故障，应及时解决，并填写表1—8—4。

表 1—8—4　　　　　　　　　　接线故障分析及处理

故障现象	故障原因	处理方法

8. 通电试运行

（1）接通控制电路，观察各元器件、线路是否正常。

（2）接通主电路，观察电动机工作情况是否正常。如不正常，应立即切断电源进行检查，调整或修复后再次通电试运行。

（3）故障全部解决后，填写表1—8—5。

表 1—8—5　　　　　　　　　　通电试运行故障分析及处理

故障现象	故障原因	处理方法

9. 清理现场、归置物品

按照现场管理规范清理现场、归置物品。

五、任务评价

按照表1—8—6的评价内容及标准进行自我评价、学生互评和教师评价。

表1—8—6　　　　　　　任务评价

评价内容及标准		配分	评分		
			自我评价	学生互评	教师评价
准备材料	元器件漏检或错检，每只扣1分	10			
	元器件功能不可靠，每只扣2分				
安装布线	元器件布置不合理，扣5分	30			
	元器件安装不牢固，每只扣4分				
	元器件安装不整齐、不匀称或不合理，每只扣3分				
	元器件损坏，每只扣15分				
	导线沿线槽敷设不符合要求，每处扣2分				
	不按电气安装接线图接线，扣20分				
	布线不符合要求，扣3分				
	导线接点松动、露铜过长等，每根扣1分				
	导线绝缘层或线芯损伤，每根扣5分				
	漏装或套错编码套管，每只扣1分				
	漏接接地线，扣10分				
故障分析	分析故障、排除故障思路不正确，扣5~10分	10			
	标错电路故障范围，扣5分				
故障排除	断电后不验电，扣5分	20			
	工具及仪表使用不当，每次扣5分				
	不能查出故障点，每次扣5分				
	能查出故障点但不能排除故障，每次扣10分				
	损坏元器件，每只扣5~10分				
通电试运行	I/O分配表和电气安装接线图错误，每处扣2分	20			
	PLC程序编制错误，每处扣5分				
	熔断器规格选用不当，每只扣5分				
	第一次试运行不成功，扣10分				
	第二次试运行不成功，扣15分				
	第三次试运行不成功，扣20分				

评价内容及标准		配分	评分		
			自我评价	学生互评	教师评价
安全文明生产	不遵守安全文明生产规程，扣2~5分	5			
	施工完成后不认真清理现场，扣2~5分				
施工用时	实际用时每超额定用时5 min，扣1分	5			
总分		100			

任务9　PLC改造M7120型平面磨床控制电路

一、任务描述

本任务主要运用PLC改造M7120型平面磨床控制电路，通过本任务，使学生了解M7120型平面磨床的主电路、控制电路等，掌握运用PLC改造平面磨床控制电路的设计及编程方法。

二、任务要求

根据图1—9—1所示M7120型平面磨床的控制线路图，将控制电路部分改为PLC控制。

1. 电路设计

根据控制要求，列出I/O分配表，设计梯形图及PLC控制I/O接口的电气安装接线图。

2. 安装与接线

将熔断器、接触器、继电器、PLC、按钮等安装在一块配线板上。配线板上的元器件应布置合理、安装紧固，配线应美观，导线应沿线槽敷设并配有端子标号。

3. 模拟调试

将所编程序输入PLC，按照动作要求进行模拟调试，至达到设计要求。

4. 通电试验

模拟调试成功后，在教师的监督下，接通380 V电源，通电运行，并观察。

5. 额定用时2 h。

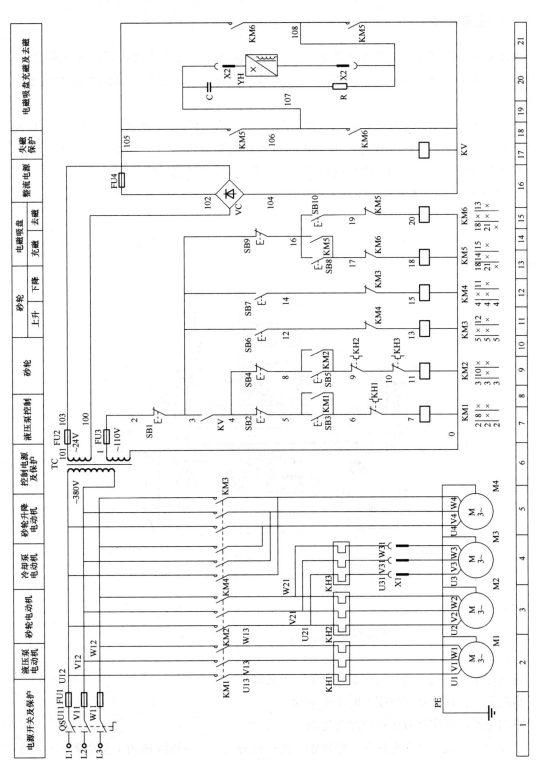

图1—9—1 M7120型平面磨床的控制线路图

三、任务准备

磨床是用砂轮磨削加工各种零件表面的一种精密机床。磨床按用途可分为外圆磨床、内圆磨床、无心磨床、平面磨床、工具磨床、螺纹磨床、导轨磨床、万能磨床及精密磨床等。

平面磨床应用最为普遍，它利用装在工作台上的电磁吸盘牢牢地吸住工件，通过砂轮的旋转运动磨削加工工件表面。平面磨床的磨削精度较高，得到的零件表面粗糙度值较小，且操作方便，因而适用于磨削高精度零件，并可用作镜面磨削。

1. M7120 型平面磨床的结构及运动形式

（1）结构

M7120 型平面磨床主要由床身、工作台、电磁吸盘、砂轮箱（又称磨头）、滑座和立柱等组成，如图 1—9—2 所示。

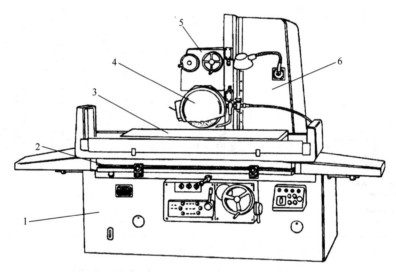

图 1—9—2 M7120 型平面磨床的结构

1—床身 2—工作台 3—电磁吸盘 4—砂轮箱 5—滑座 6—立柱

（2）运动形式

1）主运动。主运动是砂轮的旋转运动。

2）进给运动

垂直进给：滑座带动砂轮在立柱上的上下运动。

横向进给：砂轮箱在滑座上的水平运动。

纵向进给：工作台沿床身的往复运动。

工作台每完成一次纵向往返，砂轮做一次横向进给，实现连续地加工整个平面。当加工完整个平面后，砂轮做垂直进给，直至将工件磨削至所需的加工尺寸。

3）辅助运动。辅助运动是砂轮箱的快速移动和工作台的调整运动。

2. M7120 型平面磨床的控制线路

M7120 型平面磨床的控制线路可分为主电路、控制电路、电磁吸盘控制电路及照明与指示灯电路四部分。

（1）主电路

主电路中共有四台电动机 M1、M2、M3、M4。M1 是液压泵电动机，实现工作台的往复运动。M2 是砂轮电动机，带动砂轮转动来磨削加工工件。M3 是冷却泵电动机，它只有在 M2 运转后才能运转。M4 是砂轮升降电动机，用于磨削过程中调整砂轮和工件之间的位置。

由于 M1、M2、M3 长期工作，所以都装有过载保护装置，而 M4 是短期工作的，所以不设过载保护装置。四台电动机共用一组熔断器 FU1 进行短路保护。

（2）控制电路

1）液压泵电动机 M1 的控制。合上总开关 QS，整流变压器一个二次侧输出 24 V 的交流电压，经桥式整流器 VC 整流后得到直流电压，使电压继电器 KV 得电动作，其常开触头（7 区）闭合，为启动电动机做好准备。如果 KV 不能可靠动作，则各电动机均无法运行。因为平面磨床靠直流电磁吸盘的吸力将工件吸牢在工作台上，所以只有具备可靠的直流电压后，才允许启动砂轮和液压系统，以保证安全。

当 KV 吸合后，按下启动按钮 SB3，接触器 KM1 线圈通电吸合并自锁，电动机 M1 启动运转。若按下停止按钮 SB2，KM1 线圈断电释放，M1 断电停转。

2）砂轮电动机 M2 及冷却泵电动机 M3 的控制。按下启动按钮 SB5，接触器 KM2 线圈得电动作，砂轮电动机 M2 启动运转。由于 M3 与 M2 联动控制，所以 M3 与 M2 同时启动运转。按下停止按钮 SB4 时，接触器 KM2 线圈断电释放，M2 与 M3 同时断电停转。

两台电动机的热继电器 KH2 和 KH3 的常闭触头都串联在 KM2 中，只要一台电动机过载，就会使 KM2 线圈失电。因切削液循环使用，容易混有污垢杂质而引起 M3 过载，故用 KH3 进行过载保护。

3）砂轮升降电动机 M4 的控制。砂轮升降电动机 M4 只有在调整工件和砂轮之间位置时使用，所以用点动控制。当按下点动按钮 SB6 时，接触器 KM3 线圈得电吸合，M4 正转，砂轮上升。到达所需位置时，松开 SB6，KM3 线圈断电释放，M4 停转，砂轮停止上升。

当按下点动按钮 SB7 时，接触器 KM4 线圈得电吸合，电动机 M4 反转，砂轮下降。到达所需位置时，松开 SB7，KM4 线圈断电释放，M4 停转，砂轮停止下降。

为了防止 M4 的正转电路、反转电路同时接通，分别在 KM3 线圈回路和 KM4 线圈回路中串入接触器 KM4 和接触器 KM3 的常闭触头进行联锁控制。

（3）电磁吸盘控制电路

电磁吸盘是固定加工工件的一种夹具，它利用通电导体在铁心中产生的磁场吸牢铁磁材料的工件，以便加工。它与机械夹具比较，具有夹紧迅速，不损伤工件，一次能吸牢若干个小工件，以及工件发热时可以自由伸缩等优点，因而在平面磨床上应用十分广泛。

1）充磁过程。按下充磁按钮 SB8，接触器 KM5 线圈得电吸合，KM5 的两副主触头（15 区、18 区）闭合，电磁吸盘 YH 线圈得电，工作台充磁吸住工件，同时，自锁触头闭合，联锁触头断开。

磨削加工完毕，在取下加工好的工件时，先按下按钮 SB9，切断电磁吸盘 YH 的直流电源，由于吸盘和工件都有剩磁，所以需要对吸盘和工件去磁。

2）去磁过程。按下点动按钮 SB10，接触器 KM6 线圈得电吸合，KM6 的两副主触头（15 区、18 区）闭合，电磁吸盘通入反相直流电，使吸盘和工件去磁。去磁时，接触器 KM6 应采用点动控制，以防止去磁时间过长使工作台反向磁化而再次吸住工件。

四、任务实施

1. 组建小组

任务实施以小组为单位，将班级学生分为 8 个小组，每小组 4 人。每个小组中，1 人为小组长，负责组织小组成员制订工作计划、实施工作计划、汇总小组成果等，并指派专人负责领取和分发材料。

2. 制订工作计划

根据任务要求，制订合理的工作计划，根据小组成员的特点进行分工，并填写表 1—9—1。

表 1—9—1　　　　　　　　　　工作计划

序号	工作内容	时间	负责人
1			
2			
3			

续表

序号	工作内容	时间	负责人
4			
5			
6			
7			
8			

3. 准备材料

将表1—9—2填写完整，向仓库管理员提供该领用材料清单，并领用材料。

表1—9—2　　　　　　　　　　领用材料清单

序号	名称	规格	数量	备注
1				
2				
3				
4				
5				
6				
7				
8				
9				
10				

序号	名称	规格	数量	备注
11				
12				
13				
14				
15				
16				

4. I/O 分配

根据任务要求，进行 I/O 分配，并填写表1—9—3。

表1—9—3 I/O 分配表

输入			输出		
名称	代号	输入继电器	名称	代号	输出继电器

5. 设计电气安装接线图

设计 PLC 控制 I/O 接口的电气安装接线图。

6. 设计 PLC 梯形图并编程

设计、画出 PLC 梯形图，并在编程软件 GX Developer 上编程。

7. 接线并检查

根据电气安装接线图完成接线，并使用万用表电阻挡检查接线。如有故障，应及时解决，并填写表 1—9—4。

表 1—9—4　　　　　　　　　接线故障分析及处理

故障现象	故障原因	处理方法

8. 通电试运行

（1）接通控制电路，观察各元器件、线路是否正常。

（2）接通主电路，观察电动机工作情况是否正常。如不正常，应立即切断电源进行检查，调整或修复后再次通电试运行。

（3）故障全部解决后，填写表1—9—5。

表1—9—5 通电试运行故障分析及处理

故障现象	故障原因	处理方法

9. 清理现场、归置物品

按照现场管理规范清理现场、归置物品。

五、任务评价

按照表1—9—6的评价内容及标准进行自我评价、学生互评和教师评价。

表1—9—6 任务评价

评价内容及标准		配分	评分		
			自我评价	学生互评	教师评价
准备材料	元器件漏检或错检，每只扣1分	10			
	元器件功能不可靠，每只扣2分				
安装布线	元器件布置不合理，扣5分	30			
	元器件安装不牢固，每只扣4分				
	元器件安装不整齐、不匀称或不合理，每只扣3分				
	元器件损坏，每只扣15分				
	导线沿线槽敷设不符合要求，每处扣2分				

评价内容及标准		配分	评分		
			自我评价	学生互评	教师评价
安装布线	不按电气安装接线图接线，扣20分	30			
	布线不符合要求，扣3分				
	导线接点松动、露铜过长等，每根扣1分				
	导线绝缘层或线芯损伤，每根扣5分				
	漏装或套错编码套管，每只扣1分				
	漏接接地线，扣10分				
故障分析	分析故障、排除故障思路不正确，扣5~10分	10			
	标错电路故障范围，扣5分				
故障排除	断电后不验电，扣5分	20			
	工具及仪表使用不当，每次扣5分				
	不能查出故障点，每次扣5分				
	能查出故障点但不能排除故障，每次扣10分				
	损坏元器件，每只扣5~10分				
通电试运行	I/O分配表和电气安装接线图错误，每处扣2分	20			
	PLC程序编制错误，每处扣5分				
	熔断器规格选用不当，每只扣5分				
	第一次试运行不成功，扣10分				
	第二次试运行不成功，扣15分				
	第三次试运行不成功，扣20分				
安全文明生产	不遵守安全文明生产规程，扣2~5分	5			
	施工完成后不认真清理现场，扣2~5分				
施工用时	实际用时每超额定用时5 min，扣1分	5			
总分		100			

任务10　PLC改造Z3040型摇臂钻床控制电路

一、任务描述

本任务主要运用 PLC 改造 Z3040 型摇臂钻床控制电路，通过本任务，使学生掌握

Z3040 型摇臂钻床的工作原理，以及运用 PLC 改造摇臂钻床控制电路的设计及编程方法。

二、任务要求

根据图 1—10—1 所示 Z3040 型摇臂钻床主电路图和图 1—10—2 所示 Z3040 型摇臂钻床控制电路图，将控制电路部分改为 PLC 控制。

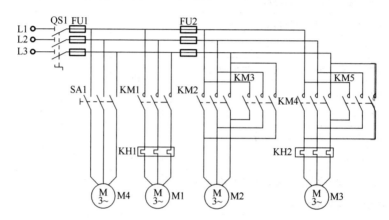

图 1—10—1 Z3040 型摇臂钻床主电路图

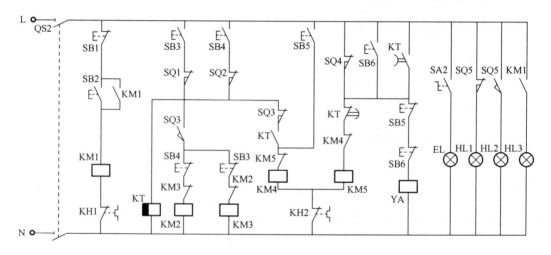

图 1—10—2 Z3040 型摇臂钻床控制电路图

1. 控制要求

（1）对电动机 M1 的要求：单方向旋转，有过载保护。

（2）对电动机 M2 的要求：全压正反转控制，点动控制，有互锁保护；启动时，先启动电动机 M3，再启动 M2；停机时，M2 停止后 M3 才停止。

（3）对电动机 M3 的要求：全压正反转控制，有过载保护。

（4）对电动机 M4 的要求：功率小，由开关 SA1 控制，单方向运转。

2. 电路设计

根据控制要求，列出 I/O 分配表，设计梯形图及 PLC 控制 I/O 接口的电气安装接线图。

3. 额定用时 2 h。

三、任务准备

1. Z3040 型摇臂钻床的液压控制系统

Z3040 型摇臂钻床有两套液压控制系统：一套是操纵机构液压系统，由主轴电动机拖动齿轮泵输送压力油，通过操纵机构实现主轴正反转、停车制动、空挡、预选与变速；另一套是夹紧与松开系统，通过控制液压泵电动机的正反转，拖动液压泵输送正反向压力油，实现摇臂、主轴箱和立柱的夹紧与松开。

2. Z3040 型摇臂钻床的工作原理

该钻床共配置 M1、M2、M3、M4 四台电动机。

主轴电动机 M1 由接触器 KM1 控制，带动主轴的旋转，使主轴做轴向进给运动，为单向旋转，主轴的正反转则由主轴电动机拖动齿轮泵送出压力油，通过液压系统操纵机构配合正反转摩擦离合器驱动主轴正转或反转来实现，并由热继电器 KH1 作为长期过载保护装置。

摇臂升降控制通过接触器 KM2、KM3 控制电动机 M2 正反向运行实现。

液压泵电动机 M3 由接触器 KM4、KM5 控制正反向运行，在操纵摇臂升降时，控制电路首先使 M3 启动运转，供出压力油，经液压系统使摇臂松开，然后才使 M2 启动，拖动摇臂上升或下降，当摇臂移动到位后，控制电路保证 M2 先停下，再通过液压系统将摇臂夹紧，最后 M3 才停下。

冷却泵电动机 M4 的容量较小，未设长期过载保护，只由三级主令开关 SA1 控制其单方向旋转。

SQ1~SQ5 分别为上升限位开关、下降限位开关、摇臂松开到位开关、摇臂夹紧到位开关、主轴箱和立柱夹紧—松开指示开关；EL 为照明灯，使用时合上开关 SA2 即可；HL1、HL2 为主轴箱和立柱夹紧—松开指示灯；HL3 为主轴电动机工作指示灯。

摇臂升降启动的初始条件：摇臂钻床在平常或加工工件时，其摇臂始终处于夹紧状态，摇臂夹紧到位开关 SQ4 被压合，其动断触头处于断开状态，摇臂松开到位开关 SQ3 未受压，其动合触头处于断开状态，而动断触头处于闭合状态。

当摇臂上升到所需位置时，松开摇臂上升点动按钮 SB3，接触器 KM2 和继电器 KT 同时失电释放。KM2 失电释放，使电动机 M2 停止转动，摇臂停止上升。KT 失电释放，其瞬动的动合触头立即复位断开，但由于摇臂松开后SQ4复位闭合，电磁阀YA仍处于得电状态。在KT断电延时的1~3 s内，KM5仍处于失电状态，YA仍处于得电状态，以确保电动机M2在断开电源后到停止运转才开始摇臂的夹紧动作（KT的延时长短由电动机M3切断电源至完全停止旋转的惯性大小来调整）。

KT断电延时时间到，延时闭合的动断触头闭合，使接触器KM5得电吸合，液压泵电动机M3反向启动，拖动液压泵，供出反向压力油，这时压力油经电磁阀YA进入摇臂夹紧油腔，反方向推动活塞和菱形块，将摇臂夹紧。同时，活塞杆通过弹簧片压下行程开关SQ4，松开行程开关SQ3，触头SQ4断开，YA、KM5的电磁铁失电，液压泵电动机M3停止旋转，摇臂夹紧完成。

主轴箱和立柱的松开与夹紧是同时进行的，松开或夹紧时，要求电磁阀YA处于释放状态，电磁换向阀工作于左位。按钮SB5、SB6分别为放松控制按钮、夹紧控制按钮，由它们点动控制KM4、KM5来控制电动机M3的正反转，由于SB5、SB6的动断触头串联在YA线圈支路中，因此在操作SB5、SB6使M3点动动作的过程中，YA的线圈不吸合，电磁换向阀工作于左位，液压泵送出的压力油不会打入摇臂松开与夹紧油腔，而进入主轴箱和立柱松开与夹紧油腔，推动松紧机构实现主轴箱和立柱的松开、夹紧。同时，由行程开关SQ5控制指示灯发出信号：主轴箱和立柱夹紧时，行程开关SQ5动作，其动断触头断开，指示灯HL1熄灭，同时其动合触头闭合，指示灯HL2点亮，表示它们确已夹紧，可以进行钻削加工；反之，主轴箱和立柱松开时，SQ5复位，HL1亮而HL2熄灭。

四、任务实施

1. 组建小组

任务实施以小组为单位，将班级学生分为8个小组，每小组4人。每个小组中，1人为小组长，负责组织小组成员制订工作计划、实施工作计划、汇总小组成果等，并指派专人负责领取和分发材料。

2. 制订工作计划

根据任务要求，制订合理的工作计划，根据小组成员的特点进行分工，并填写表1—10—1。

表1—10—1　　　　　　　　　　　工作计划

序号	工作内容	时间	负责人
1			

续表

序号	工作内容	时间	负责人
2			
3			
4			
5			
6			
7			
8			

3. 准备材料

将表1—10—2填写完整，向仓库管理员提供该领用材料清单，并领用材料。

表1—10—2　　　　　　　　　　　领用材料清单

序号	名称	规格	数量	备注
1				
2				
3				
4				

续表

序号	名称	规格	数量	备注
5				
6				
7				
8				
9				
10				
11				
12				
13				
14				
15				
16				

4. I/O 分配

根据任务要求，进行 I/O 分配，并填写表 1—10—3。

表 1—10—3　　　　　　　　　I/O 分配表

输入			输出		
名称	代号	输入继电器	名称	代号	输出继电器

5. 设计电气安装接线图

设计 PLC 控制 I/O 接口的电气安装接线图。

6. 设计 PLC 梯形图并编程

设计、画出 PLC 梯形图，并在编程软件 GX Developer 上编程。

7. 接线并检查

根据电气安装接线图完成接线，并使用万用表电阻挡检查接线。如有故障，应及时解决，并填写表1—10—4。

表1—10—4　　　　　　　　　　接线故障分析及处理

故障现象	故障原因	处理方法

8. 通电试运行

（1）接通控制电路，观察各元器件、线路是否正常。

（2）接通主电路，观察电动机工作情况是否正常。如不正常，应立即切断电源进行检查，调整或修复后再次通电试运行。

（3）故障全部解决后，填写表1—10—5。

表1—10—5　　　　　　　　　　通电试运行故障分析及处理

故障现象	故障原因	处理方法

9. 清理现场、归置物品

按照现场管理规范清理现场、归置物品。

五、任务评价

按照表1—10—6的评价内容及标准进行自我评价、学生互评和教师评价。

表1—10—6　　　　　　　　　　　　任务评价

评价内容及标准		配分	评分		
			自我评价	学生互评	教师评价
准备材料	元器件漏检或错检，每只扣1分	10			
	元器件功能不可靠，每只扣2分				
安装布线	元器件布置不合理，扣5分	30			
	元器件安装不牢固，每只扣4分				
	元器件安装不整齐、不匀称或不合理，每只扣3分				
	元器件损坏，每只扣15分				
	导线沿线槽敷设不符合要求，每处扣2分				
	不按电气安装接线图接线，扣20分				
	布线不符合要求，扣3分				
	导线接点松动、露铜过长等，每根扣1分				
	导线绝缘层或线芯损伤，每根扣5分				
	漏装或套错编码套管，每只扣1分				
	漏接接地线，扣10分				
故障分析	分析故障、排除故障思路不正确，扣5~10分	10			
	标错电路故障范围，扣5分				
故障排除	断电后不验电，扣5分	20			
	工具及仪表使用不当，每次扣5分				
	不能查出故障点，每次扣5分				
	能查出故障点但不能排除故障，每次扣10分				
	损坏元器件，每只扣5~10分				
通电试运行	I/O分配表和电气安装接线图错误，每处扣2分	20			
	PLC程序编制错误，每处扣5分				
	熔断器规格选用不当，每只扣5分				
	第一次试运行不成功，扣10分				
	第二次试运行不成功，扣15分				
	第三次试运行不成功，扣20分				

评价内容及标准		配分	评分		
			自我评价	学生互评	教师评价
安全文明生产	不遵守安全文明生产规程，扣 2~5 分	5			
	施工完成后不认真清理现场，扣 2~5 分				
施工用时	实际用时每超额定用时 5 min，扣 1 分	5			
总分		100			

任务 11 PLC 改造 X62W 型万能铣床控制电路

一、任务描述

本任务主要运用 PLC 改造 X62W 型万能铣床控制电路，通过本任务，使学生了解 X62W 型万能铣床的主要结构及运动形式，掌握 X62W 型万能铣床对控制电路的要求，以及运用 PLC 改造万能铣床控制电路的设计及编程方法。

二、任务要求

根据图 1—11—1 所示 X62W 型万能铣床控制线路图，列出 I/O 分配表，设计梯形图及 PLC 控制 I/O 接口电气安装接线图，将控制电路部分改为 PLC 控制。额定用时 2 h。

三、任务准备

万能铣床是一种多用途机床，它可以用圆柱铣刀、圆片铣刀、角度铣刀、成型铣刀及端面铣刀等刀具对各种零件进行平面、斜面、螺旋面及成型表面等的加工。

1. X62W 型万能铣床的主要结构及运动形式

（1）主要结构

X62W 型万能铣床的结构如图 1—11—2 所示，X62W 型万能铣床主要由床身、主轴、刀杆支架、悬梁、工作台、回转盘、滑鞍和升降台等组成。

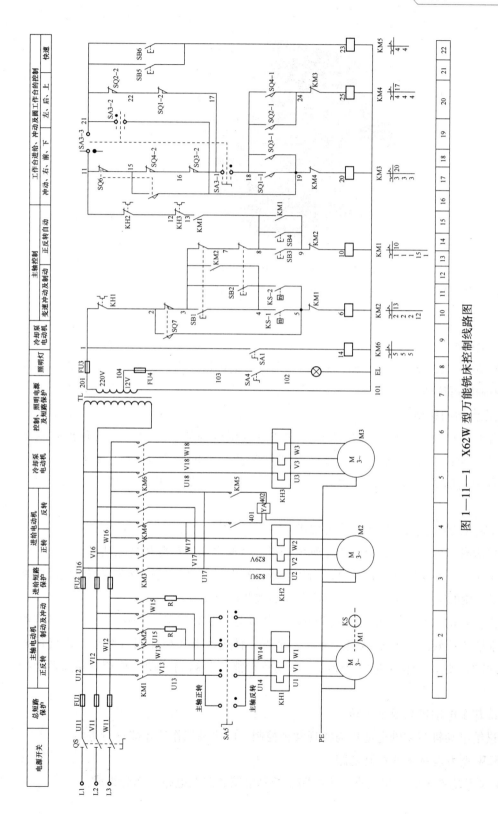

图 1—11—1 X62W 型万能铣床控制线路图

图 1—11—2 X62W 型万能铣床的结构

1—悬梁 2—刀杆支架 3—工作台 4—回转盘 5—滑鞍 6—升降台 7—底座 8—床身 9—主轴

（2）运动形式

1）主轴转动

主轴转动由主轴电动机通过弹性联轴器来驱动传动机构，当机构中的双联滑动齿轮块啮合时，主轴即可旋转。

2）工作台面的移动

工作台面的移动由进给电动机驱动，它通过机械机构使工作台进行三种形式六个方向的移动，即：工作台面直接在滑鞍上部可转动部分的导轨上做纵向（左右）移动，工作台面借助滑鞍做横向（前后）移动，工作台面借助升降台做垂直（上下）移动。

2. X62W 型万能铣床对控制电路的要求

（1）机床有三台电动机，分别为主轴电动机、进给电动机和冷却泵电动机。

（2）由于加工有顺铣和逆铣两种，所以要求主轴电动机能正反转及在变速时能瞬时冲动，以利于齿轮的啮合，并要求能制动停车和实现两地控制。

（3）工作台的三种运动形式、六个方向的移动是依靠机械的方法来实现的。对进给电动机要求能正反转，且要求纵向、横向、垂直三种运动形式相互间有联锁，以确保操作安全。同时，要求工作台进给变速时，电动机也能达到瞬间冲动、快速进给及两地控制等要求。

（4）冷却泵电动机只要求正转。

（5）进给电动机与主轴电动机需实现联锁控制，即主轴工作后才能进行进给。

3. X62W 型万能铣床的控制电路

X62W 型万能铣床的控制电路由主电路、控制电路和照明电路三部分组成。

（1）主电路

主电路有三台电动机：主轴电动机 M1、进给电动机 M2、冷却泵电动机 M3。M1 通过换相开关 SA5 与接触器 KM1 配合，能进行正反转控制，而与接触器 KM2、制动电阻器 R 及速度继电器的配合，能实现串电阻瞬时冲动和正反转反接制动控制，并能通过机械进行变速。M2 能进行正反转控制，通过接触器 KM3、KM4 与行程开关及 KM5、牵引电磁铁 YA 配合，能实现进给变速时的瞬时冲动、六个方向的常速进给和快速进给控制。M3 只能正转。

（2）控制电路

1）主轴电动机的控制

①SB1、SB3 与 SB2、SB4 是分别装在机床两边的停止（制动）和启动按钮，可实现两地控制，操作方便。

②KM1 是主轴电动机启动接触器，KM2 是反接制动和主轴变速冲动接触器。

③SQ7 是与主轴变速手柄联动的瞬时动作行程开关。

④需启动 M1 时，要先将换相开关 SA5 扳到主轴电动机所需要的旋转方向，然后再按下启动按钮 SB3 或 SB4 来启动 M1。

⑤M1 启动后，速度继电器 KS 的一副常开触头闭合，为 M1 的制动做准备。

⑥停车时，按下停止按钮 SB1 或 SB2，切断 KM1 电路，接通 KM2 电路，改变 M1 的电源相序进行串电阻反接制动。当 M1 的转速低于 120 r/min 时，速度继电器 KS 的一副常开触头恢复断开，切断 KM2 电路，M1 停转，制动结束。

⑦M1 变速时的瞬动冲动控制是利用变速手柄与冲动行程开关 SQ7，通过机械联动机构实现的。

2）工作台进给电动机的控制。工作台的纵向、横向和垂直运动都由 M2 驱动，接触器 KM3 和 KM4 使 M2 实现正反转，用以改变进给运动方向。它的控制电路采用与纵向运动操作手柄联动的行程开关 SQ1、SQ2 和横向及垂直运动操作手柄联动的行程开关 SQ3、SQ4 组成复合联锁控制，即在选择三种运动形式的六个方向移动时，只能进行其中一个方向的移动，以确保操作安全，当这两个操作手柄都在中间位置时，各行程开关都处于未压合的原始状态。

M2 在 M1 启动后才能进行工作。在机床接通电源后，将控制圆工作台的组合开关 SA3-2（19、21）扳到断开状态，使触头 SA3-1（17、18）和 SA3-3（11、21）闭合，然后按下按钮 SB3 或 SB4，这时接触器 KM1 吸合，使 KM1（8、12）闭合，就可进行工作台的进给控制。

3）圆工作台的控制。铣床如需铣削螺旋槽、弧形槽等时，可在工作台上安装圆工作台及其传动机构，圆工作台的回转运动由 M2 带动传动机构驱动。

圆工作台工作时，应先将进给运动操作手柄都扳到中间（停止）位置，然后将圆工作台组合开关 SA3 扳到圆工作台接通位置，此时，SA3-1、SA3-3 断开，SA3-2 接通。准备就绪，按下主轴启动按钮 SB3 或 SB4，则接触器 KM1 与 KM3 相继吸合，M1 与 M2 相继启动并运转，M2 仅以正转方向带动圆工作台做定向回转运动，其通路为：11-15-16-17-22-21-19-20-KM3 线圈-101，由上可知，圆工作台与工作台进给有互锁，即当圆工作台工作时，不允许工作台在纵向、横向、垂直方向上有任何运动。若误操作而扳动进给运动操作手柄 SQ1、SQ2、SQ3、SQ4、SQ6 中的任意一个，M2 即停转。

四、任务实施

1. 组建小组

任务实施以小组为单位，将班级学生分为 8 个小组，每小组 4 人。每个小组中，1 人为小组长，负责组织小组成员制订工作计划、实施工作计划、汇总小组成果等，并指派专人负责领取和分发材料。

2. 制订工作计划

根据任务要求，制订合理的工作计划，根据小组成员的特点进行分工，并填写表 1—11—1。

表 1—11—1　　　　　　　　　　工作计划

序号	工作内容	时间	负责人
1			
2			
3			
4			
5			
6			
7			
8			

3. 准备材料

将表1—11—2填写完整，向仓库管理员提供该领用材料清单，并领用材料。

表 1—11—2　　　　　　　　　　领用材料清单

序号	名称	规格	数量	备注
1				
2				
3				
4				
5				
6				
7				
8				
9				
10				
11				
12				
13				
14				
15				
16				

4. I/O 分配

根据任务要求，进行 I/O 分配，并填写表1—11—3。

表 1—11—3　　　　　　　　　　I/O 分配表

输入			输出		
名称	代号	输入继电器	名称	代号	输出继电器

5. 设计电气安装接线图

设计 PLC 控制 I/O 接口的电气安装接线图。

6. 设计 PLC 梯形图并编程

设计、画出 PLC 梯形图，并在编程软件 GX Developer 上编程。

7. 接线并检查

根据电气安装接线图完成接线，并使用万用表电阻挡检查接线。如有故障，应及时解决，并填写表 1—11—4。

表 1—11—4　　　　　　　　接线故障分析及处理

故障现象	故障原因	处理方法

8. 通电试运行

（1）接通控制电路，观察各元器件、线路是否正常。

（2）接通主电路，观察电动机工作情况是否正常。如不正常，应立即切断电源进行检查，调整或修复后再次通电试运行。

（3）故障全部解决后，填写表 1—11—5。

表 1—11—5　　　　　　　　通电试运行故障分析及处理

故障现象	故障原因	处理方法

9. 清理现场、归置物品

按照现场管理规范清理现场、归置物品。

五、任务评价

按照表 1—11—6 的评价内容及标准进行自我评价、学生互评和教师评价。

表 1—11—6　　　　　　　　　　　　　任务评价

评价内容及标准		配分	评分		
			自我评价	学生互评	教师评价
准备材料	元器件漏检或错检，每只扣 1 分	10			
	元器件功能不可靠，每只扣 2 分				
安装布线	元器件布置不合理，扣 5 分	30			
	元器件安装不牢固，每只扣 4 分				
	元器件安装不整齐、不匀称或不合理，每只扣 3 分				
	元器件损坏，每只扣 15 分				
	导线沿线槽敷设不符合要求，每处扣 2 分				
	不按电气安装接线图接线，扣 20 分				
	布线不符合要求，扣 3 分				
	导线接点松动、露铜过长等，每根扣 1 分				
	导线绝缘层或线芯损伤，每根扣 5 分				
	漏装或套错编码套管，每只扣 1 分				
	漏接接地线，扣 10 分				
故障分析	分析故障、排除故障思路不正确，扣 5~10 分	10			
	标错电路故障范围，扣 5 分				
故障排除	断电后不验电，扣 5 分	20			
	工具及仪表使用不当，每次扣 5 分				
	不能查出故障点，每次扣 5 分				
	能查出故障点但不能排除故障，每次扣 10 分				
	损坏元器件，每只扣 5~10 分				
通电试运行	I/O 分配表和电气安装接线图错误，每处扣 2 分	20			
	PLC 程序编制错误，每处扣 5 分				
	熔断器规格选用不当，每只扣 5 分				
	第一次试运行不成功，扣 10 分				
	第二次试运行不成功，扣 15 分				
	第三次试运行不成功，扣 20 分				
安全文明生产	不遵守安全文明生产规程，扣 2~5 分	5			
	施工完成后不认真清理现场，扣 2~5 分				
施工用时	实际用时每超额定用时 5 min，扣 1 分	5			
总分		100			

任务 12 PLC 控制步进电动机

一、任务描述

本任务主要进行 PLC 控制步进电动机的设计、安装与调试，通过本任务，使学生熟悉步进电动机的工作原理，掌握步进电动机驱动器的设置方法，以及运用 PLC 控制步进电动机的设计及编程方法。

二、任务要求

1. 步进电动机的驱动器采用共阳接法。

2. 步进电动机的工作电流设定为 1.2 A。

3. 步进电动机驱动器的细分设定为 8。

4. 按下启动按钮，步进电动机先正转 90°，再反转 180°后停止。

5. 按下停止按钮时，步进电动机停止运行。

6. 额定用时 1 h。

三、任务准备

1. 步进电动机概述

步进电动机是一种将数字脉冲信号转换成机械角位移或者线位移的数模转换元件。步进电动机的运行是在专用的脉冲电源供电下进行的，其转子走过的步数，或者说转子的角位移量，与输入脉冲数严格成正比。另外，步进电动机动态响应快，控制性能好，只要改变输入脉冲的顺序，就能方便地改变旋转方向。步进电动机的上述特点，使得由它和驱动器组成的开环数控系统，既具有较高的控制精度和良好的控制性能，又能稳定可靠。

（1）步进电动机的基本参数

1）电动机固有步距角。电动机固有步距角表示控制系统每发出一个步进脉冲信号，电动机所转动的角度。电动机出厂时给出了一个步距角的值，此即电动机固有步距角，它不一定是电动机实际工作时的真正步距角，真正步距角和驱动器有关。

2）步进电动机的相数。步进电动机的相数是指电动机内部的线圈组数，目前常用的有二相、三相、四相、五相步进电动机。电动机相数不同，其步距角也不同，一般来说，二相步进电动机的步距角为 0.9°或 1.8°、三相步进电动机的步距角为 0.75°或 1.5°、五相步进电动机的步距角为 0.36°或 0.72°。

（2）步进电动机的控制原理

典型步进电动机控制系统如图1—12—1所示。

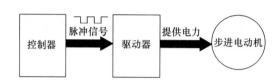

图1—12—1　典型步进电动机控制系统

1）转向控制。通过方向信号的高、低电平控制步进电动机的转向（正反转）。

2）速度控制。给步进电动机发一个控制脉冲，它就转一步，再发一个脉冲，它会再转一步。两个脉冲的间隔越短，步进电动机就转得越快。调整脉冲频率，就可以对步进电动机进行调速。

3）位移控制。给步进电动机发一个控制脉冲，它就转一步，再发一个脉冲，它会再转一步。控制脉冲的发送数量，就可以控制步进电动机转过的角度（角位移）。

（3）步进电动机驱动器

步进电动机驱动器的功能：主要是把外部脉冲端送入的脉冲进行分配，给功率放大器，功率放大器相应的晶体管导通，步进电动机的线圈得电。

步进电动机驱动器设有细分功能，以提高步进电动机的控制精度，即将步进电动机的一步分为若干个小步。例如，假设步进电动机驱动器原来的步距角为1.8°，通过细分功能将其设置成5细分后，步距角变为0.36°，即原来一步可以走完的，设置成细分后需要走5步。步距角越小，控制精度越高。

（4）2M412型步进电动机驱动器DIP开关

在驱动器的顶部有一个红色的八位DIP功能设定开关，可以用来设定驱动器的工作方式和工作参数。在更改DIP的设定之前，必须先切断电源。

图1—12—2　DIP开关示意图

1）DIP开关示意图（见图1—12—2）

2）DIP开关功能（见表1—12—1）

表1—12—1　　　　　　　　　　　　DIP开关功能

开关序号	ON功能	OFF功能
DIP1～DIP4	细分设置用	细分设置用
DIP5	静态电流半流	静态电流全流
DIP6～DIP8	输出电流设置用	输出电流设置用

3）DIP开关细分设定（见表1—12—2）

表 1—12—2　　　　　　　　　　　　　　　　DIP 开关细分设定

DIP1	DIP2	DIP3	DIP4	细分
ON	ON	ON	ON	无效
ON	OFF	ON	ON	4
ON	ON	OFF	ON	8
ON	OFF	OFF	ON	16
ON	ON	ON	OFF	32
ON	OFF	ON	OFF	64
ON	ON	OFF	OFF	128
ON	OFF	OFF	OFF	256

4）输出相电流设定（见表 1—12—3）

表 1—12—3　　　　　　　　　　　　　　　　输出相电流设定

DIP6	DIP7	DIP8	输出电流（A）
OFF	OFF	OFF	0.20
OFF	OFF	ON	0.35
OFF	ON	OFF	0.50
OFF	ON	ON	0.65
ON	OFF	OFF	0.80
ON	OFF	ON	0.90
ON	ON	OFF	1.00
ON	ON	ON	0.20

（5）PLC 控制步进电动机的系统接线

PLC 控制步进电动机的系统接线示意图如图 1—12—3 所示。

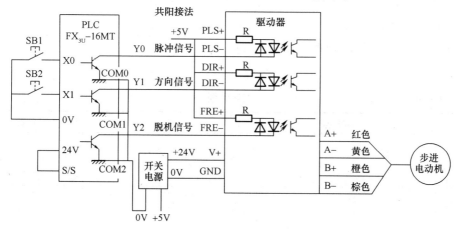

图 1—12—3　PLC 控制步进电动机的系统接线示意图

PLS：步进脉冲信号输入端。其功能是通过控制脉冲的频率来控制步进电动机的运行速度。

DIR：步进方向信号输入端。其功能是通过信号的高低电平来控制电动机的正反转。

+5 V：信号输入共阳端。

FRE：脱机信号。在步进电动机停止时，通常有一相得电，电动机的转子被锁住，无法转动，使用脱机信号可以使转子松开，变为自由状态。

2. PLC 脉冲输出指令 PLSY

PLC 脉冲输出指令 PLSY 如图 1—12—4 所示。

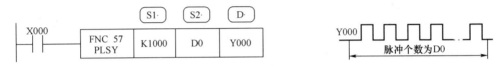

图 1—12—4　PLC 脉冲输出指令 PLSY

PLC 脉冲输出指令 PLSY 的作用：指定 PLC 某个 Y 输出口输出频率为 S1、脉冲个数为 S2 的脉冲。如图 1—12—4 所示，当 X000 接通时，从 Y000 口输出频率为 1 000 Hz、脉冲个数为 D0 的脉冲。

M8029 为脉冲输出结束标志，当指令 PLSY 指定输出的脉冲数量输出完毕，M8029 状态为 ON。

四、任务实施

1. 组建小组

任务实施以小组为单位，将班级学生分为 8 个小组，每小组 4 人。每个小组中，1 人为小组长，负责组织小组成员制订工作计划、实施工作计划、汇总小组成果等，并指派专人负责领取和分发材料。

2. 制订工作计划

根据任务要求，制订合理的工作计划，根据小组成员的特点进行分工，并填写表 1—12—4。

表 1—12—4　　　　　　　　　　工作计划

序号	工作内容	时间	负责人
1			
2			

续表

序号	工作内容	时间	负责人
3			
4			
5			
6			
7			
8			

3. 准备材料

将表1—12—5填写完整，向仓库管理员提供该领用材料清单，并领用材料。

表1—12—5　　　　　　　　　领用材料清单

序号	名称	规格	数量	备注
1				
2				
3				
4				
5				
6				
7				
8				
9				
10				
11				
12				
13				
14				
15				
16				

4. I/O 分配

根据任务要求，进行 I/O 分配，并填写表 1—12—6。

表 1—12—6   I/O 分配表

输入			输出		
名称	代号	输入继电器	名称	代号	输出继电器

5. 设计电气安装接线图

设计 PLC 控制 I/O 接口的电气安装接线图。

6. 设计 PLC 梯形图并编程

设计、画出 PLC 梯形图（或 SFC），并在编程软件 GX Developer 上编程。

7. 接线并检查

根据电气安装接线图完成接线，并使用万用表电阻挡检查接线。如有故障，应及时解决，并填写表 1—12—7。

表 1—12—7　　　　　　　　　　　接线故障分析及处理

故障现象	故障原因	处理方法

8. 通电试运行

（1）接通控制电路，观察各元器件、线路是否正常。

（2）接通主电路，观察电动机工作情况是否正常。如不正常，应立即切断电源进行检查，调整或修复后再次通电试运行。

（3）故障全部解决后，填写表1—12—8。

表1—12—8   通电试运行故障分析及处理

故障现象	故障原因	处理方法

9. 清理现场、归置物品

按照现场管理规范清理现场、归置物品。

五、任务评价

按照表1—12—9的评价内容及标准进行自我评价、学生互评和教师评价。

表1—12—9   任务评价

评价内容及标准		配分	评分		
			自我评价	学生互评	教师评价
准备材料	元器件漏检或错检，每只扣1分	10			
	元器件功能不可靠，每只扣2分				
安装布线	元器件布置不合理，扣5分	30			
	元器件安装不牢固，每只扣4分				
	元器件安装不整齐、不匀称或不合理，每只扣3分				
	元器件损坏，每只扣15分				
	导线沿线槽敷设不符合要求，每处扣2分				
	不按电气安装接线图接线，扣20分				
	布线不符合要求，扣3分				
	导线接点松动、露铜过长等，每根扣1分				
	导线绝缘层或线芯损伤，每根扣5分				
	漏装或套错编码套管，每只扣1分				
	漏接接地线，扣10分				

续表

评价内容及标准		配分	评分		
			自我评价	学生互评	教师评价
故障分析	分析故障、排除故障思路不正确，扣5~10分	10			
	标错电路故障范围，扣5分				
故障排除	断电后不验电，扣5分	20			
	工具及仪表使用不当，每次扣5分				
	不能查出故障点，每次扣5分				
	能查出故障点但不能排除故障，每次扣10分				
	损坏元器件，每只扣5~10分				
通电试运行	I/O分配表和电气安装接线图错误，每处扣2分	20			
	PLC程序编制错误，每处扣5分				
	熔断器规格选用不当，每只扣5分				
	第一次试运行不成功，扣10分				
	第二次试运行不成功，扣15分				
	第三次试运行不成功，扣20分				
安全文明生产	不遵守安全文明生产规程，扣2~5分	5			
	施工完成后不认真清理现场，扣2~5分				
施工用时	实际用时每超额定用时5 min，扣1分	5			
总分		100			

任务 13　PLC 控制运料小车

一、任务描述

本任务主要进行PLC控制运料小车的设计、安装与调试，通过本任务，使学生熟悉行程开关的动作顺序和特点，掌握顺序功能图编程技术，以及运用PLC控制运料小车的设计及编程方法。

二、任务要求

1. 小车行驶示意图如图1—13—1所示，要求按下启动按钮，完成一个周期：小车从原点 A 点出发，驶向 B 点，到达后立即返回 A 点；接着出发，驶向 C 点，到达后立即返回 A 点；再次出发，驶向 D 点，到达后返回 A 点。

2. 小车重复上述过程，循环往复运行。当按下停止按钮后，小车完成一个周期，返回原点 A 后停止。

3. 电路设计

根据控制要求，列出 I/O 分配表，设计梯形图及 PLC 控制 I/O 接口的电气安装接线图。

4. 额定用时 2 h。

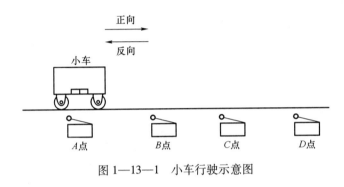

图 1—13—1　小车行驶示意图

三、任务准备

1. 行程开关简介

行程开关是位置开关（又称限位开关）的一种，是一种常用的小电流主令电器，利用生产机械运动部件的碰撞使其触头动作来实现接通或分断控制电路，达到一定的控制目的。通常，这类开关被用来限制机械运动的位置或行程，使运动机械按一定位置或行程自动停止、反向运动、变速运动或往返运动等。

行程开关可以安装在相对静止的物体（如固定架、门框等，简称静物）上或者运动的物体（如行车、门等，简称动物）上。当动物接近静物时，行程开关的连杆驱动开关内的触头动作，常闭触头断开，常开触头闭合，以此控制电路，其电气符号如图 1—13—2 所示。

图 1—13—2　行程开关电气符号

2. 运料小车控制系统分析

根据控制要求，小车在一个周期内多次经过 B 点和 C 点，小车每次经过，相应位置的行程开关都会动作，但只有在正向运行时，这两个信号才在系统运行中起作用，反向运行时，不起作用。小车也多次经过 A 点和 D 点，并且在按下停止按钮后，小车要继续运行完一个周期方可停止。若用梯形图编程，需要考虑的条件非常多，容易出错，且不易实现。

根据控制要求，小车的运行是一个顺序控制过程，所以采用顺序功能图编程比较容易。整个编程过程的难点在于顺序功能图的最后一步，其转移有两个分支：一个分支是在运行过程中，没有按下停止按钮时要转移至开始步，重新循环；另一个分支是在运行过程中，按下停止按钮，要转移至初始步，结束停车。因为按下停止按钮后，小车不是立即停止运行，而是要运行完一个周期后停止，所以停止按钮输入信号必须驱动一个辅助继电器并自锁保持。

四、任务实施

1. 组建小组

任务实施以小组为单位，将班级学生分为 8 个小组，每小组 4 人。每个小组中，1 人为小组长，负责组织小组成员制订工作计划、实施工作计划、汇总小组成果等，并指派专人负责领取和分发材料。

2. 制订工作计划

根据任务要求，制订合理的工作计划，根据小组成员的特点进行分工，并填写表 1—13—1。

表 1—13—1　　　　　　　　　　　工作计划

序号	工作内容	时间	负责人
1			
2			
3			
4			
5			
6			
7			
8			

3. 准备材料

将表1—13—2填写完整，向仓库管理员提供该领用材料清单，并领用材料。

表1—13—2　　　　　　　　　　　　领用材料清单

序号	名称	规格	数量	备注
1				
2				
3				
4				
5				
6				
7				
8				
9				
10				
11				
12				
13				
14				
15				
16				

4. I/O 分配

根据任务要求，进行I/O分配，并填写表1—13—3。

表1—13—3　　　　　　　　　　　　I/O 分配表

输入			输出		
名称	代号	输入继电器	名称	代号	输出继电器

5. 设计电气安装接线图

设计 PLC 控制 I/O 接口的电气安装接线图。

6. 设计 PLC 梯形图并编程

设计、画出 PLC 梯形图，并在编程软件 GX Developer 上编程。

7. 接线并检查

根据电气安装接线图完成接线，并使用万用表电阻挡检查接线。如有故障，应及时解决，并填写表1—13—4。

表1—13—4   接线故障分析及处理

故障现象	故障原因	处理方法

8. 通电试运行

（1）接通控制电路，观察各元器件、线路是否正常。

（2）接通主电路，观察电动机工作情况是否正常。如不正常，应立即切断电源进行检查，调整或修复后再次通电试运行。

（3）故障全部解决后，填写表1—13—5。

表1—13—5   通电试运行故障分析及处理

故障现象	故障原因	处理方法

9. 清理现场、归置物品

按照现场管理规范清理现场、归置物品。

五、任务评价

按照表1—13—6的评价内容及标准进行自我评价、学生互评和教师评价。

表1—13—6　　　　　　　　　　　　任务评价

评价内容及标准		配分	评分		
			自我评价	学生互评	教师评价
准备材料	元器件漏检或错检，每只扣1分	10			
	元器件功能不可靠，每只扣2分				
安装布线	元器件布置不合理，扣5分	30			
	元器件安装不牢固，每只扣4分				
	元器件安装不整齐、不匀称或不合理，每只扣3分				
	元器件损坏，每只扣15分				
	导线沿线槽敷设不符合要求，每处扣2分				
	不按电气安装接线图接线，扣20分				
	布线不符合要求，扣3分				
	导线接点松动、露铜过长等，每根扣1分				
	导线绝缘层或线芯损伤，每根扣5分				
	漏装或套错编码套管，每只扣1分				
	漏接接地线，扣10分				
故障分析	分析故障、排除故障思路不正确，扣5~10分	10			
	标错电路故障范围，扣5分				
故障排除	断电后不验电，扣5分	20			
	工具及仪表使用不当，每次扣5分				
	不能查出故障点，每次扣5分				
	能查出故障点但不能排除故障，每次扣10分				
	损坏元器件，每只扣5~10分				
通电试运行	I/O分配表和电气安装接线图错误，每处扣2分	20			
	PLC程序编制错误，每处扣5分				
	熔断器规格选用不当，每只扣5分				
	第一次试运行不成功，扣10分				
	第二次试运行不成功，扣15分				
	第三次试运行不成功，扣20分				
安全文明生产	不遵守安全文明生产规程，扣2~5分	5			
	施工完成后不认真清理现场，扣2~5分				
施工用时	实际用时每超额定用时5 min，扣1分	5			
总分		100			

任务 14 PLC 控制自动门

一、任务描述

本任务主要进行 PLC 控制自动门的设计、安装与调试，通过本任务，使学生熟悉红外线传感器的工作原理和使用方法，掌握运用 PLC 控制自动门的设计及编程方法。

二、任务要求

自动门的控制装置由门内红外线传感器开关 K1、门外红外传感器开关 K2、开门到位限位开关 K3、关门到位限位开关 K4、开门执行机构 KM1（使直流电动机正转）、关门执行机构 KM2（使直流电动机反转）等组成。

1. 当人员由内到外或由外到内通过红外线传感器开关 K1 或 K2 时，开门执行机构 KM1 动作，电动机正转，到达开门到位限位开关 K3 位置时，电动机停止运行。

2. 自动门在开门位置停留 10 s 后，自动进入关门过程，关门执行机构 KM2 被启动，电动机反转，当门移动到关门到位限位开关 K4 位置时，电动机停止运行。

3. 在关门过程中，当人员由外到内或由内到外通过红外线传感器开关 K1 或 K2 时，应立即停止关门，并自动进入开门程序。

4. 在门打开后的 10 s 等待时间内，当人员由外到内或由内到外通过红外线传感器开关 K1 或 K2 时，必须重新等待 10 s 后，再自动进入关门过程，以保证人员安全通过。

5. 开门与关门不可同时进行。

6. 电路设计

根据控制要求，列出 I/O 分配表，设计梯形图及 PLC 控制 I/O 接口电气安装接线图，并仿真运行。

7. 模拟调试

将所编程序输入 PLC，按照动作要求进行模拟调试，至达到设计要求。

8. 通电试验

模拟调试成功后，在教师的监督下，接通 380V 电源，通电运行，并观察。

9. 额定用时 2 h。

三、任务准备

1. PLC 控制自动门的特点

PLC 控制自动门具有故障率低、可靠性好、维修方便等优点，因而得到了广泛的应用。自动门的执行机构大多使用直流电动机，因为直流电动机具有调速范围宽广、调速特性平滑、超载能力较强、热动和制动转矩较大的特点。

2. PLC 控制自动门的工作原理

（1）主控制器

主控制器是自动门的指挥中心，它通过内部编有指令程序的大规模集成块发出相应指令，控制电动机工作。另外，主控制器可调节门扇开启速度、开启幅度等参数。

（2）感应探测器

感应探测器负责采集外部信号，当有移动的物体进入它的工作范围时，它就给主控制器一个脉冲信号。

（3）电动机

电动机提供开门与关门的主动力，控制自动门的门扇加速或减速运行。

（4）门扇吊具走轮系统

门扇吊具走轮系统用于吊挂活动门扇，同时在动力牵引下带动门扇运行。

（5）自动门扇行进轨道

自动门扇行进轨道用于约束门扇吊具走轮系统，使其按特定方向行进。

（6）同步传动带

同步传动带用于传输电动机所产生的动力，牵引门扇吊具走轮系统。

（7）下部导向系统

下部导向系统是门扇下部的导向与定位装置，可防止门扇在运行时出现前后门体摆动。当门扇要完成一次开门与关门动作时，其工作流程如下：感应探测器探测到有人进入时，将脉冲信号传给主控制器，主控制器判断后通知电动机运行，同时监控电动机转数，以便通知电动机在一定时候加力和进入慢行运行。电动机得到一定运行电流后正向运行，将动力传给同步传动带，再由同步传动带将动力传给门扇吊具走轮系统，使门扇开启。门扇开启后，由控制器做出判断，如需关闭自动门，则通知电动机反向运动，关闭自动门。

3. 红外线传感器简介

红外线传感器是利用红外线的物理性质来进行测量的传感器。红外线又称红外光，具有反射、折射、散射、干涉、吸收等性质。任何物质，只要本身具有一定的温度（高于绝对零度），就能辐射红外线。红外线传感器在测量时不与被测物体直接接触，因而不存在摩擦，具有灵敏度高、反应快等优点。

红外线传感器包括光学系统、检测元件和转换电路。光学系统按结构不同可分为透射式和反射式两类。检测元件按工作原理不同可分为热敏检测元件和光电检测元件。热敏检测元件应用最多的是热敏电阻，热敏电阻受到红外线辐射时温度升高，电阻发生变化（电阻可能变大也可能是变小，因为热敏电阻可分为正温度系数热敏电阻和负温度系数热敏电阻），通过转换电路变成电信号输出。

四、任务实施

1. 组建小组

任务实施以小组为单位，将班级学生分为 8 个小组，每小组 4 人。每个小组中，1 人为小组长，负责组织小组成员制订工作计划、实施工作计划、汇总小组成果等，并指派专人负责领取和分发材料。

2. 制订工作计划

根据任务要求，制订合理的工作计划，根据小组成员的特点进行分工，并填写表 1—14—1。

表 1—14—1　　　　　　　　工作计划

序号	工作内容	时间	负责人
1			
2			
3			
4			
5			
6			
7			
8			

3. 准备材料

将表 1—14—2 填写完整，向仓库管理员提供该领用材料清单，并领用材料。

表 1—14—2　　　　　　　　　　　　领用材料清单

序号	名称	规格	数量	备注
1				
2				
3				
4				
5				
6				
7				
8				
9				
10				
11				
12				
13				
14				
15				
16				

4. I/O 分配

根据任务要求，进行 I/O 分配，并填写表 1—14—3。

表 1—14—3　　　　　　　　　　　　I/O 分配表

输入			输出		
名称	代号	输入继电器	名称	代号	输出继电器

5. 设计电气安装接线图

设计 PLC 控制 I/O 接口的电气安装接线图。

6. 设计 PLC 梯形图并编程

设计、画出 PLC 梯形图，并在编程软件 GX Developer 上编程。

7. 接线并检查

根据电气安装接线图完成接线，并使用万用表电阻挡检查接线。如有故障，应及时解决，并填写表1—14—4。

表1—14—4　　　　　　　　　　接线故障分析及处理

故障现象	故障原因	处理方法

8. 通电试运行

（1）接通控制电路，观察各元器件、线路是否正常。

（2）接通主电路，观察电动机工作情况是否正常。如不正常，应立即切断电源进行检查，调整或修复后再次通电试运行。

（3）故障全部解决后，填写表1—14—5。

表1—14—5　　　　　　　　　通电试运行故障分析及处理

故障现象	故障原因	处理方法

9. 清理现场、归置物品

按照现场管理规范清理现场、归置物品。

五、任务评价

按照表1—14—6的评价内容及标准进行自我评价、学生互评和教师评价。

表1—14—6　　　　　　　　　　　　任务评价

评价内容及标准		配分	评分		
			自我评价	学生互评	教师评价
准备材料	元器件漏检或错检，每只扣1分	10			
	元器件功能不可靠，每只扣2分				
安装布线	元器件布置不合理，扣5分	30			
	元器件安装不牢固，每只扣4分				
	元器件安装不整齐、不匀称或不合理，每只扣3分				
	元器件损坏，每只扣15分				
	导线沿线槽敷设不符合要求，每处扣2分				
	不按电气安装接线图接线，扣20分				
	布线不符合要求，扣3分				
	导线接点松动、露铜过长等，每根扣1分				
	导线绝缘层或线芯损伤，每根扣5分				
	漏装或套错编码套管，每只扣1分				
	漏接接地线，扣10分				
故障分析	分析故障、排除故障思路不正确，扣5~10分	10			
	标错电路故障范围，扣5分				
故障排除	断电后不验电，扣5分	20			
	工具及仪表使用不当，每次扣5分				
	不能查出故障点，每次扣5分				
	能查出故障点但不能排除故障，每次扣10分				
	损坏元器件，每只扣5~10分				
通电试运行	I/O分配表和电气安装接线图错误，每处扣2分	20			
	PLC程序编制错误，每处扣5分				
	熔断器规格选用不当，每只扣5分				
	第一次试运行不成功，扣10分				
	第二次试运行不成功，扣15分				
	第三次试运行不成功，扣20分				
安全文明生产	不遵守安全文明生产规程，扣2~5分	5			
	施工完成后不认真清理现场，扣2~5分				
施工用时	实际用时每超额定用时5 min，扣1分	5			
总分		100			

任务 15　PLC 控制三速电动机

一、任务描述

本任务主要进行 PLC 控制三速电动机的设计、安装与调试，通过本任务，使学生掌握 PLC 控制三速电动机的工作原理、PLC 编程技术，能熟练地绘制电气元件布置图和电气安装接线图，能处理常见故障。

二、任务要求

图 1—15—1 所示为三速电动机自动变速电路。

1. 使用三菱可编程控制器进行程序控制。

2. 电路设计

根据控制要求，列出 I/O 分配表，设计梯形图及 PLC 控制 I/O 接口的电气安装接线图，并仿真运行。

3. 模拟调试

将所编程序输入 PLC，按照动作要求进行模拟调试，至达到设计要求。

4. 通电试验

模拟调试成功后，在教师的监督下，接通 380V 电源，通电运行，并观察。

5. 额定用时 2 h。

三、任务准备

1. 三速电动机的工作原理

三速电动机是在双速电动机的基础上发展而来的，在三速电动机的定子槽内安放两套绕组，一套为三角形绕组，另一套为星形绕组。适当变换这两套绕组的连接方法，就可以改变电动机的磁极对数，使电动机具有高速、中速、低速三种不同的转速。

三速电动机共有十个接线端子，它们为：1U、2U、3U、1V、2V、3V、1W1、1W2、2W、3W。低速△接法：1U、1V、1W1、1W2 与电源接通，其余端子空着不接。中速 Y 接法：2U、2V、2W 与电源接通，其余端子空着不接。高速 YY 接法：1U、1V、1W1、1W2 四个接线端子短接起来，2U、2V、2W 与电源接通，剩余的三个端子空着不接。

117

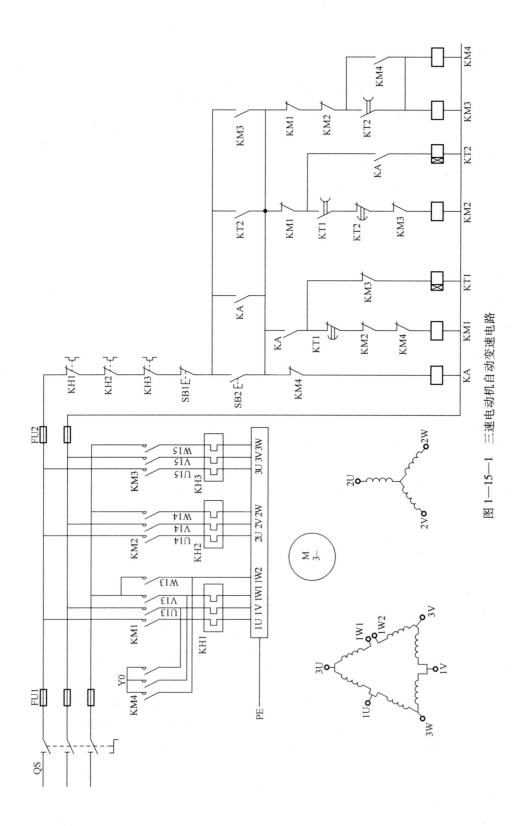

图 1—15—1 三速电动机自动变速电路

2. 三速电动机的控制电路分析

当合上组合开关 QS 时，按下启动按钮 SB2，电流通过 KH1、KH2、KH3、SB1、KM4，使得中间继电器 KA 的线圈得电，KA 吸合，它的辅助触头全部动作，并且对其提供自锁，这时 KM1、KT1 线圈得电，使得它们吸合，KM1 的主触头得电吸合，这时主电路电动机开始做第一个速度的运转。KT1 的线圈获电后，经过一定时间开始动作，其得电延时的常闭触头断开，使得 KT1、KM1 线圈回路失电而释放，得电延时的常开触头吸合，这时 KT2、KM2 线圈得电，使得它们吸合，其主触头同时吸合，电动机开始做第二个速度的运转。当经过一定时间后，延时触头也开始动作，同电动机做第一个速度的运转时一样，当到达一定时间后，KM2、KT2 回路失电而释放，此时 KM3、KM4 线圈得电吸合并且自锁，与此同时，主电路的触头也吸合，电动机开始做第三个速度的运转，这样就完成了三速电动机的控制过程。此套电路中所有接触器和时间继电器之间都有互锁触头，也就是说，当三速电动机以一种速度运行时，其他两种速度被锁定，因此保障了电路工作的安全性。

四、任务实施

1. 组建小组

任务实施以小组为单位，将班级学生分为 8 个小组，每小组 4 人。每个小组中，1 人为小组长，负责组织小组成员制订工作计划、实施工作计划、汇总小组成果等，并指派专人负责领取和分发材料。

2. 制订工作计划

根据任务要求，制订合理的工作计划，根据小组成员的特点进行分工，并填写表 1—15—1。

表 1—15—1　　　　　　　　　　工作计划

序号	工作内容	时间	负责人
1			
2			
3			

序号	工作内容	时间	负责人
4			
5			
6			
7			
8			

3. 准备材料

将表 1—15—2 填写完整，向仓库管理员提供该领用材料清单，并领用材料。

表 1—15—2　　　　　　　　　领用材料清单

序号	名称	规格	数量	备注
1				
2				
3				
4				
5				
6				
7				
8				
9				
10				
11				
12				
13				
14				
15				
16				

4. I/O 分配

根据任务要求，进行 I/O 分配，并填写表 1—15—3。

表 1—15—3　　　　　　　　　　I/O 分配表

输入			输出		
名称	代号	输入继电器	名称	代号	输出继电器

5. 设计电气安装接线图

设计 PLC 控制 I/O 接口的电气安装接线图。

6. 设计 PLC 梯形图并编程

设计、画出 PLC 梯形图，并在编程软件 GX Developer 上编程。

7. 接线并检查

根据电气安装接线图完成接线，并使用万用表电阻挡检查接线。如有故障，应及时解决，并填写表1—15—4。

表 1—15—4　　　　　　　　　　　接线故障分析及处理

故障现象	故障原因	处理方法

8. 通电试运行

（1）接通控制电路，观察各元器件、线路是否正常。

（2）接通主电路，观察电动机工作情况是否正常。如不正常，应立即切断电源进行检查，调整或修复后再次通电试运行。

（3）故障全部解决后，填写表1—15—5。

表 1—15—5　　　　　　　　　　　通电试运行故障分析及处理

故障现象	故障原因	处理方法

9. 清理现场、归置物品

按照现场管理规范清理现场、归置物品。

五、任务评价

按照表 1—15—6 的评价内容及标准进行自我评价、学生互评和教师评价。

表 1—15—6　　　　　　　　　　　　任务评价

评价内容及标准		配分	评分		
			自我评价	学生互评	教师评价
准备材料	元器件漏检或错检，每只扣 1 分	10			
	元器件功能不可靠，每只扣 2 分				
安装布线	元器件布置不合理，扣 5 分	30			
	元器件安装不牢固，每只扣 4 分				
	元器件安装不整齐、不匀称或不合理，每只扣 3 分				
	元器件损坏，每只扣 15 分				
	导线沿线槽敷设不符合要求，每处扣 2 分				
	不按电气安装接线图接线，扣 20 分				
	布线不符合要求，扣 3 分				
	导线接点松动、露铜过长等，每根扣 1 分				
	导线绝缘层或线芯损伤，每根扣 5 分				
	漏装或套错编码套管，每只扣 1 分				
	漏接接地线，扣 10 分				

评价内容及标准		配分	评分		
			自我评价	学生互评	教师评价
故障分析	分析故障、排除故障思路不正确，扣 5~10 分	10			
	标错电路故障范围，扣 5 分				
故障排除	断电后不验电，扣 5 分	20			
	工具及仪表使用不当，每次扣 5 分				
	不能查出故障点，每次扣 5 分				
	能查出故障点但不能排除故障，每次扣 10 分				
	损坏元器件，每只扣 5~10 分				
通电试运行	I/O 分配表和电气安装接线图错误，每处扣 2 分	20			
	PLC 程序编制错误，每处扣 5 分				
	熔断器规格选用不当，每只扣 5 分				
	第一次试运行不成功，扣 10 分				
	第二次试运行不成功，扣 15 分				
	第三次试运行不成功，扣 20 分				
安全文明生产	不遵守安全文明生产规程，扣 2~5 分	5			
	施工完成后不认真清理现场，扣 2~5 分				
施工用时	实际用时每超额定用时 5 min，扣 1 分	5			
总分		100			

模块二　变频器技术

任务1　变频器功能参数设置与操作

一、任务描述

本任务主要进行变频器功能参数的设置与操作，通过本任务，使学生了解变频器的作用及工作原理，熟悉变频器的各种运行模式，掌握变频器面板操作方法、变频器面板显示特点、变频器运行基本参数设定方法、变频器的模式切换操作和各种清除操作。

二、任务要求

1. 操作变频器面板，并观察其显示特点。
2. 观察变频器的各种运行模式。
3. 对变频器运行基本参数进行设定。
4. 进行变频器的模式切换操作和各种清除操作。
5. 额定用时 1 h。

三、任务准备

1. 变频器的工作原理

变频器是应用变频技术与微电子技术，通过改变电动机工作电源频率方式来控制交流电动机的电力控制设备。它主要由整流、滤波、逆变、制动单元、驱动单元、检测单元、微处理单元等组成。

电源分为交流电源和直流电源，一般的直流电源是由交流电源通过变压器变压、整流滤波后得到的。

单相交流电源和三相交流电源，无论是用于家庭还是用于工厂，其电压和频率均按各国的规定有一定的标准。我国规定，直接用户的单相交流电压为 220 V，三相交流电压为

380 V，频率为 50 Hz。其他国家的电源电压和频率与我国的可能不同，如单相 100 V/60 Hz、三相 230 V/50 Hz 等。

标准电压和频率的交流供电电源为工频交流电。通常，把电压和频率固定不变的工频交流电变换为电压或频率可变的交流电的装置为变频器。为了产生可变的电压和频率，变频器要把电源的交流电变换为直流电，这个过程即整流。

用于电动机控制的变频器，既可以改变电压，又可以改变频率；用于荧光灯的变频器，主要用于调节电源供电的频率。

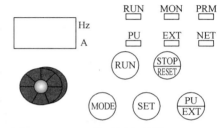

图 2—1—1 三菱通用变频器 FR—D700 的控制面板示意图

变频器主要采用交—直—交方式（VVVF 变频或矢量控制变频），先把工频交流电源通过整流器转换成直流电源，然后将直流电源转换成频率、电压均可控制的交流电源以驱动电动机。

2. 三菱通用变频器 FR—D700 的控制面板

三菱通用变频器 FR—D700 的控制面板示意图如图 2—1—1 所示，面板显示及按钮说明见表 2—1—1。

表 2—1—1　　　　　三菱通用变频器 FR—D700 的面板显示及按钮说明

面板显示及按钮	功能	备注
RUN 显示	运行时点亮或闪烁	点亮：正在运行中 慢闪烁（1.4 s/次）：反转运行中 快闪烁（0.2 s/次）：非运行中
PU 显示	PU 操作模式时点亮	计算机连接运行模式时，为慢闪烁
EXT 显示	外部操作模式时点亮	计算机连接运行模式时，为慢闪烁
MON 显示	监视器显示	
PRM 显示	参数设定模式显示	
4 位 LED	表示频率、参数序号等	
设定用旋钮	变更频率设定、参数设定值	不能取下
RUN 键	运行指令（正转）	反转用 Pr.40 设定
STOP/RESET 键	执行运行的停止、报警的复位	
MODE 键	切换各设定	
SET 键	确定各设定	
PU/EXT 键	切换 PU/EXT 操作模式	使用外部操作模式时，按下此键，使 EXT 显示为点亮状态

3. 三菱通用变频器 FR—D700 的基本功能参数

三菱通用变频器 FR—D700 的基本功能参数见表 2—1—2。

表 2—1—2　　　　　　　　　　三菱通用变频器 FR—D700 的基本功能参数

参数	名称	参数号码	设定范围	步长	出厂设定值
0	转矩提升	Pr. 0	0～30%	0.1%	6%、4%、3%
1	上限频率	Pr. 1	0～120 Hz	0.01 Hz	120 Hz
2	下限频率	Pr. 2	0～120 Hz	0.01 Hz	0 Hz
3	基准频率	Pr. 3	0～400 Hz	0.01 Hz	50 Hz
4	三速设定（高速）	Pr. 4	0～400 Hz	0.01 Hz	50 Hz
5	三速设定（中速）	Pr. 5	0～400 Hz	0.01 Hz	30 Hz
6	三速设定（低速）	Pr. 6	0～400 Hz	0.01 Hz	10 Hz
7	加速时间	Pr. 7	0～3 600 s	0.1 s	5 s
8	减速时间	Pr. 8	0～3 600 s	0.1 s	5 s
9	电子过电流保护	Pr. 9	0～500 A	0.01 A	额定输出电流
79	操作模式选择	Pr. 79	0～7	1	0
160	扩展功能显示选择	Pr. 160	0，9 999	1	9 999

注意：只有当 Pr. 160 扩展功能显示选择的设定值设定为"0"时，变频器的扩展功能参数才有效。

四、任务实施

1. 组建小组

任务实施以小组为单位，将班级学生分为 8 个小组，每小组 4 人。每个小组中，1 人为小组长，负责组织小组成员制订工作计划、实施工作计划、汇总小组成果等，并指派专人负责领取和分发材料。

2. 制订工作计划

根据任务要求，制订合理的工作计划，根据小组成员的特点进行分工，并填写表 2—1—3。

表 2—1—3　　　　　　　　　　工作计划

序号	工作内容	时间	负责人
1			
2			

序号	工作内容	时间	负责人
3			
4			
5			
6			
7			
8			

3. 填写变频器需设置的参数

根据任务要求，将参数编号和设定值填写在表2—1—4中。

表2—1—4　　　　　　　　变频器参数设置

序号	参数编号	设定值	序号	参数编号	设定值
1			9		
2			10		
3			11		
4			12		
5			13		
6			14		
7			15		
8			16		

4. 面板操作

（1）改变参数 Pr. 7

改变参数 Pr. 7 的操作步骤见表 2—1—5。

表 2—1—5　　　　　　　　　　　改变参数 **Pr. 7** 的操作步骤

序号	操作步骤	显示结果
1	按 (PU/EXT) 键，选择 PU 操作模式	`0.00` PU （PU 显示灯亮）
2	按 (MODE) 键，进入参数设定模式	`P 0` PRM （PRM 显示灯亮）
3	调节设定用旋钮，选择参数号码 Pr. 7	`P 7`
4	按 (SET) 键，读出当前的设定值	`3.0`
5	调节设定用旋钮，把设定值变为 4.0	`4.0`
6	按 (SET) 键，完成设定	`4.0` `P 7` （设定值闪烁）

（2）改变参数 Pr. 160

改变参数 Pr. 160 的操作步骤见表 2—1—6。

表 2—1—6　　　　　　　　　　　改变参数 **Pr. 160** 的操作步骤

序号	操作步骤	显示结果
1	按 (PU/EXT) 键，选择 PU 操作模式	`0.00` PU （PU 显示灯亮）
2	按 (MODE) 键，进入参数设定模式	`P 0` PRM （PRM 显示灯亮）
3	调节设定用旋钮，选择参数号码 Pr. 160	`P160`
4	按 (SET) 键，读出当前的设定值	`0`
5	调节设定用旋钮，把设定值变为 1	`1`
6	按 (SET) 键，完成设定	`1` `P160` （设定值闪烁）

（3）参数清零

参数清零的操作步骤见表2—1—7。

表2—1—7　　　　　　　　　　　参数清零的操作步骤

序号	操作步骤	显示结果
1	按 PU/EXT 键，选择 PU 操作模式	0.00 PU（PU 显示灯亮）
2	按 MODE 键，进入参数设定模式	P 0 PRM（PRM 显示灯亮）
3	调节设定用旋钮，选择参数 ALLC	P 7（参数全部清除）
4	按 SET 键，读出当前的设定值	0
5	调节设定用旋钮，把设定值变为1	1
6	按 SET 键，完成设定	1 ALLC

注：无法显示参数 ALLC 时，将 Pr.160 设为"1"。无法清零时，将 Pr.79 设为"1"。

（4）设定频率运行

设定频率运行的操作步骤见表2—1—8。

表2—1—8　　　　　　　　　　　设定频率运行的操作步骤

序号	操作步骤	显示结果
1	按 PU/EXT 键，选择 PU 操作模式	0.00 PU（PU 显示灯亮）
2	调节设定用旋钮，把设定值变为50.00	50.00（设定值闪烁约5 s）
3	按 SET 键，设定频率	50.00 F（设定值闪烁）
4	闪烁3 s后，显示回到0.0，按 RUN 键运行，	0.00 → 50.00 Hz
5	按 STOP/RESET 键，电动机停止	50.00 → 0.00 Hz

（5）查看输出电流

查看输出电流的操作步骤见表2—1—9。

表 2—1—9　　　　　　　　　　查看输出电流的操作步骤

序号	操作步骤	显示结果
1	按 MODE 键，显示输出频率	**5O.OO**
2	按住 SET 键，显示输出电流	**1OO** A （A 灯亮）
3	放开 SET 键，回到输出频率显示模式	**5O.OO**

5. 清理现场、归置物品

按照现场管理规范清理现场、归置物品。

五、任务评价

按照表 2—1—10 的评价内容及标准进行自我评价、学生互评和教师评价。

表 2—1—10　　　　　　　　　　　　任务评价

评价内容及标准		配分	评分		
			自我评价	学生互评	教师评价
参数设置及操作	参数设置不正确，每处扣 10 分	40			
	工作模式设置不正确，每处扣 10 分				
	操作不熟练扣 10 分				
	操作不正确扣 10 分				
故障分析	分析故障、排除故障思路不正确，扣 5~10 分	10			
	标错电路故障范围，扣 5 分				
故障排除	断电后不验电，扣 5 分	20			
	工具及仪表使用不当，每次扣 5 分				
	不能查出故障点，每次扣 5 分				
	能查出故障点但不能排除故障，每次扣 10 分				
	损坏元器件，每只扣 5~10 分				
通电试运行	第一次试运行不成功，扣 10 分	20			
	第二次试运行不成功，扣 15 分				
	第三次试运行不成功，扣 20 分				
安全文明生产	不遵守安全文明生产规程，扣 2~5 分	5			
	施工完成后不认真清理现场，扣 2~5 分				
施工用时	实际用时每超额定用时 5 min，扣 1 分	5			
总分		100			

任务 2　变频器的 PU 控制

一、任务描述

本任务主要进行变频器的 PU 控制，通过本任务，使学生掌握变频器面板操作方法、变频器面板显示信息、变频器运行基本参数设定方法、变频器 PU 控制方法。

二、任务要求

变频器的 PU 控制，指变频器不需要控制端子的接线，完全通过操作面板上的按键和旋钮来控制各类生产机械的运行，如电动机的启动、停止、运行频率等的控制全部由操作面板完成。变频器 PU 控制的电气安装接线图如图 2—2—1 所示。

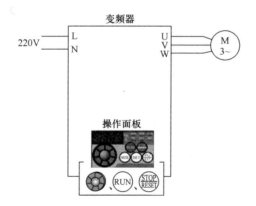

图 2—2—1　变频器 PU 控制的电气安装接线图

1. 执行 PU 控制点动运行。

2. 执行 PU 控制连续运行。

3. 将旋钮作为调速电位器，实现变频器的连续运行。

4. 执行 PU 控制模式下的正反转控制。

5. 额定用时 1 h。

三、任务准备

1. 变频器运行的控制方式

变频器运行的控制方式主要有四种：PU 控制、外部控制、组合控制和通信控制。

2. 变频器运行的基本条件

变频器运行的基本条件主要有两个，即旋转方向（正转、反转、停止）信号和频率信号。变频器的不同控制方式，实际就是这两个信号的给定方式不同：PU 控制即旋转方向信号和频率信号都由 PU 给定；外部控制即旋转方向信号和频率信号都由变频器外部端子给定。

四、任务实施

1. 组建小组

任务实施以小组为单位，将班级学生分为 8 个小组，每小组 4 人。每个小组中，1 人为小组长，负责组织小组成员制订工作计划、实施工作计划、汇总小组成果等，并指派专人负责领取和分发材料。

2. 制订工作计划

根据任务要求，制订合理的工作计划，根据小组成员的特点进行分工，并填写表 2—2—1。

表 2—2—1　　　　　　　　　　　工作计划

序号	工作内容	时间	负责人
1			
2			
3			
4			
5			
6			
7			
8			

3. 填写变频器需设置的参数

根据任务要求，将参数编号和设定值填写在表 2—2—2 中。

表 2—2—2　　　　　　　　　　　变频器参数设置

序号	参数编号	设定值	序号	参数编号	设定值
1			9		
2			10		
3			11		
4			12		
5			13		
6			14		
7			15		
8			16		

4. 变频器操作

（1）PU 控制点动运行

点动运行主要用于机械设备的手动调试或测试，点动运行频率由参数 Pr.15 设置，初始值为 5Hz。PU 控制点动运行的操作步骤见表 2—2—3。

表 2—2—3　　　　　　　　　　PU 控制点动运行的操作步骤

序号	操作步骤	显示
1	确认处于停止、监视模式	0.00 Hz MON EXT
2	按 PU/EXT 键，进入 PU 控制点动运行模式	000 Hz MON PU
3	按 RUN 键，电动机以 5Hz 的频率旋转（Pr.15 的初始值）	5.00 Hz MON PU
4	松开 RUN 键，电动机停止	

（2）PU 控制连续运行

PU 控制连续运行的操作步骤见表 2—2—4。

表 2—2—4　　　　　　　　PU 控制连续运行的操作步骤

序号	操作步骤	显示
1	按 $\frac{PU}{EXT}$ 键，选择 PU 控制连续运行模式	**0.00** PU （PU 显示灯亮）
2	调节设定用旋钮，把设定值变为 30.00	**30.00** （设定值闪烁约 5 s）
3	按 SET 键，读出当前的设定值	**30.00**
4	闪烁 3s 后，显示回到 0.00，按 RUN 键，电动机以 30 Hz 的频率运行	**0.00** **30.00** Hz RUN MON PU
5	按 $\frac{STOP}{RESET}$ 键，电动机停止	**30.00** **0.00** Hz PU MON

注：若想改变加速时间和减速时间，可修改 Pr.7 和 Pr.8。

（3）将旋钮作为调速电位器实现电动机的连续运行

将旋钮作为调速电位器实现电动机的连续运行的操作步骤见表 2—2—5。

表 2—2—5　　　　将旋钮作为调速电位器实现电动机的连续运行的操作步骤

序号	步骤	图示
1	按 $\frac{PU}{EXT}$ 键，选择 PU 控制连续运行模式	**0.00** PU （PU 显示灯亮）
2	设置 Pr.160＝0（扩展参数有效）	
3	设置 Pr.161＝1（旋钮电位器模式）	
4	调节设定用旋钮，把设定值变为 50.00	**50.00** （设定值闪烁约 5 s）
5	按 RUN 键，电动机以 50 Hz 的频率旋转	**0.00** Hz RUN MON PU

（4）PU 控制模式下的正反转控制

通过改变 Pr. 40 实现正反转控制：Pr. 40 = 0 时，电动机正转；Pr. 40 = 1 时，电动机反转。正转时，RUN 指示灯亮；反转时，RUN 指示灯闪烁。改变 Pr. 40 实现电动机正反转控制的操作步骤见表 2—2—6。

表 2—2—6　　　　　　　　改变 Pr. 40 实现电动机正反转控制的操作步骤

序号	步骤	图示
1	按 (STOP/RESET) 键，电动机停止	
2	设置 Pr. 40 = 1	
3	按 (RUN) 键，电动机以 50 Hz 的频率反转	（RUN 指示灯闪烁）

5. 清理场地、归置物品

按照现场管理规范清理场地、归置物品。

五、任务评价

按照表 2—2—7 的评价内容及标准进行自我评价、学生互评和教师评价。

表 2—2—7　　　　　　　　　　　　任务评价

评价内容及标准		配分	评分		
			自我评价	学生互评	教师评价
参数设置及操作	参数设置不正确，每处扣 10 分	40			
	工作模式设置不正确，每处扣 10 分				
	操作不熟练扣 10 分				
	操作不正确扣 10 分				
故障分析	分析故障、排除故障思路不正确，扣 5~10 分	10			
	标错故障范围，扣 5 分				
故障排除	断电后不验电，扣 5 分	20			
	工具及仪表使用不当，每次扣 5 分				
	不能查出故障点，每次扣 5 分				
	能查出故障点但不能排除故障，每次扣 10 分				
	损坏元器件，每只扣 5~10 分				

评价内容及标准		配分	评分		
			自我评价	学生互评	教师评价
通电试运行	第一次试运行不成功，扣 10 分	20			
	第二次试运行不成功，扣 15 分				
	第三次试运行不成功，扣 20 分				
安全文明生产	不遵守安全文明生产规程，扣 2~5 分	5			
	施工完成后不认真清理现场，扣 2~5 分				
施工用时	实际用时每超额定用时 5 min，扣 1 分	5			
总分		100			

任务3 变频器的外部控制

一、任务描述

变频器的外部控制是利用外部的开关、电位器等元器件将外部操作信号输入到变频器，控制变频器的运转。本任务主要进行变频器的外部控制，通过本任务，使学生掌握电动机旋转方向、旋转速度的变频器外部控制原理，能完成变频器外部控制电路的设计、安装和调试。

二、任务要求

1. 读懂变频器外部控制电气安装接线图。

2. 执行变频器的外部控制操作。

3. 观察并思考外部控制与 PU 控制的差别。

4. 额定用时 1 h。

三、任务准备

1. 电动机旋转方向的变频器外部控制

电动机的正转由接到外部端子 STF 的开关控制，反转由接到外部端子 STR 的开关控制。当开关与外部端子接通时，电动机正转或反转，当开关与外部端子断开时，电动机停止。变频器外部控制点动运行接线原理图如图 2—3—1 所示，连续运行接线原理图如图 2—3—2 所示，SD 为外部信号的公共端。

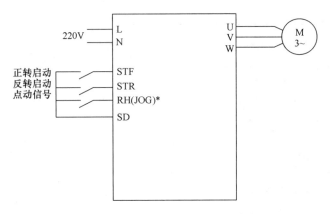

图 2—3—1　变频器外部控制点动运行接线原理图

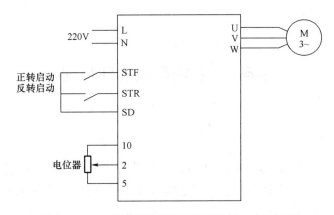

图 2—3—2　变频器外部控制连续运行接线原理图

2. 电动机旋转速度的变频器外部控制

电动机旋转速度由外部电位器控制。如图 2—3—2 所示，电位器的两端引脚分别接变频器外部端子 10（+5 V 输出）和 5（模拟量输出公共端），电位器的中间引脚接端子 2（频率信号输入端）。调节电位器，端子 2 的电压模拟量信号在 0~5 V 范围内变化，变频器的输出频率与输入的电压信号成正比，在默认状态下，变频器的输出频率在 0~50 Hz 范围内变化。

四、任务实施

1. 组建小组

任务实施以小组为单位，将班级学生分为 8 个小组，每小组 4 人。每个小组中，1 人为小组长，负责组织小组成员制订工作计划、实施工作计划、汇总小组成果等，并指派专人负责领取和分发材料。

2. 制订工作计划

根据任务要求，制订合理的工作计划，根据小组成员的特点进行分工，并填写表2—3—1。

表2—3—1 工作计划

序号	工作内容	时间	负责人
1			
2			
3			
4			
5			
6			
7			
8			

3. 准备材料

将表2—3—2填写完整，向仓库管理员提供该领用材料清单，并领用材料。

表 2—3—2 领用材料清单

序号	名称	规格	数量	备注
1				
2				
3				
4				
5				
6				
7				
8				
9				
10				
11				
12				
13				
14				
15				
16				

4. 变频器操作

（1）外部控制点动运行

把变频器控制方式设置为外部控制，即将 Pr. 79 设置为 2，将 Pr. 182 设置为 5，定义 RH 为外部点动控制端子 JOG。三菱通用变频器 FR—D700 没有专门的外部点动控制端子 JOG，需通过对 Pr. 178~Pr. 182 进行参数设置，定义端子 RL、RM、RH 之一为点动运行选择端。变频器外部控制点动运行的操作步骤见表 2—3—3。

表 2—3—3 变频器外部控制点动运行的操作步骤

序号	步骤	图示
1	将 Pr. 79 设置为 2，Pr. 182 设置为 5	
2	合上点动选择开关	

序号	步骤	图示
3	合上正转开关,电动机以 5 Hz 的频率点动正转运行	
4	断开正转开关,变频器停止输出,电动机停止	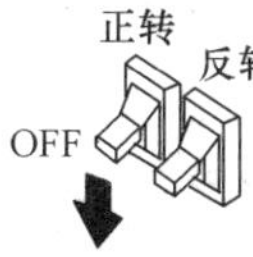

（2）外部控制连续运行

启动指令由端子 STF 或 STR 发出,频率由电位器设定。将频率上升（加速）时间设定为 3 s,下降（减速）时间设定为 2 s。变频器外部控制连续运行的操作步骤见表 2—3—4。

表 2—3—4　　　　　　　　变频器外部控制连续运行的操作步骤

序号	步骤	图示
1	将 Pr.79 设置为 2	
2	合上正转开关,变频器无论在 PU 控制操作模式还是外部控制操作模式下,当接收到正转或反转命令,运行频率信号为 0 时,RUN 指示灯闪烁	 （RUN 指示灯闪烁）
3	旋转外部电位器,设定或改变变频器运行频率,当频率调至 0 时,RUN 指示灯闪烁	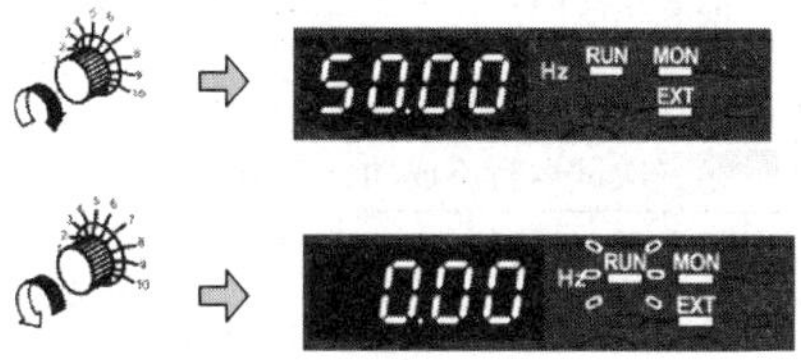 （RUN 指示灯闪烁）
4	断开正转开关,变频器停止输出,电动机停止	

5. 清理场地、归置物品

按照现场管理规范清理场地、归置物品。

五、任务评价

按照表 2—3—5 的评价内容及标准进行自我评价、学生互评和教师评价。

表2—3—5　　　　　　　　　　　　任务评价

评价内容及标准		配分	评分		
			自我评价	学生互评	教师评价
参数设置	参数设置不正确，每处扣2分	10			
	工作模式设置不正确，每处扣5分				
安装布线	元器件布置不合理，扣5分	30			
	元器件安装不牢固，每只扣4分				
	元器件安装不整齐、不匀称或不合理，每只扣3分				
	元器件损坏，每只扣15分				
	导线沿线槽敷设不符合要求，每处扣2分				
	不按电气安装接线图接线，扣20分				
	布线不符合要求，扣3分				
	导线接点松动、露铜过长等，每根扣1分				
	导线绝缘层或线芯损伤，每根扣5分				
	漏装或套错编码套管，每只扣1分				
	漏接接地线，扣10分				
故障分析	分析故障、排除故障思路不正确，扣5~10分	10			
	标错电路故障范围，扣5分				
故障排除	断电后不验电，扣5分	20			
	工具及仪表使用不当，每次扣5分				
	不能查出故障点，每次扣5分				
	能查出故障点但不能排除故障，每次扣10分				
	损坏元器件，每只扣5~10分				
通电试运行	第一次试运行不成功，扣10分	20			
	第二次试运行不成功，扣15分				
	第三次试运行不成功，扣20分				
安全文明生产	不遵守安全文明生产规程，扣2~5分	5			
	施工完成后不认真清理现场，扣2~5分				
施工用时	实际用时每超额定用时5 min，扣1分	5			
总分		100			

任务4　变频器的组合控制

一、任务描述

本任务主要进行变频器的组合控制，通过本任务，使学生掌握组合操作模式的分类和参数设置方法，能完成变频器组合控制电路的设计、安装和调试。

二、任务要求

1. 对变频器进行接线、参数设置及调试。

2. 运用组合操作模式运行变频器。

3. 额定用时 1 h。

三、任务准备

1. 组合操作模式的分类

变频器运行的组合操作是应用面板按键和外部接线开关共同操作变频器的一种方法，特征为：面板上的 PU 灯和 EXT 灯同时亮，通过预置 Pr.79 的值，可以选择组合操作模式。

组合操作模式 1 为外部接线控制旋转方向、PU 控制频率的控制方式；组合模式 2 为 PU 控制旋转方向、外部接线控制频率的控制方式。

2. 组合操作模式的参数设置

当预置 Pr.79＝3 时，选择组合操作模式 1。此时，运行频率由面板键盘给定，启动信号由外部开关控制，不接受外部的频率设定信号和 PU 正转、反转、停止控制。

当预置 Pr.79＝4 时，选择组合操作模式 2。此时，启动信号由 PU 控制，运行频率由外部电位器调节。

四、任务实施

1. 组建小组

任务实施以小组为单位，将班级学生分为 8 个小组，每小组 4 人。每个小组中，1 人为小组长，负责组织小组成员制订工作计划、实施工作计划、汇总小组成果等，并指派专人负责领取和分发材料。

2. 制订工作计划

根据任务要求，制订合理的工作计划，根据小组成员的特点进行分工，并填写表 2—4—1。

表 2—4—1　　　　　　　　　　　　　　工作计划

序号	工作内容	时间	负责人
1			

序号	工作内容	时间	负责人
2			
3			
4			
5			
6			
7			
8			

3. 准备材料

将表2—4—2填写完整，向仓库管理员提供该领用材料清单，并领用材料。

表2—4—2　　　　　　　　　　领用材料清单

序号	名称	规格	数量	备注
1				
2				
3				
4				
5				
6				
7				
8				

续表

序号	名称	规格	数量	备注
9				
10				
11				
12				
13				
14				
15				
16				

4. 变频器操作

（1）组合操作模式 1

变频器组合操作模式 1 的接线原理图如图 2—4—1 所示，变频器组合操作模式 1 的操作步骤见表 2—4—3。

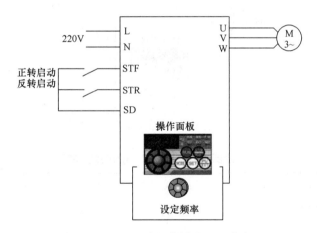

图 2—4—1　变频器组合操作模式 1 的接线原理图

表 2—4—3　　　　　　　　变频器组合操作模式 1 的操作步骤

序号	步骤	图示
1	将 Pr.79 设置为 3	
2	合上正转按钮，变频器按上一次的设定频率运行	
3	调节设定用旋钮，把设定值变为 40.00	（设定值闪烁约 5 s）

续表

序号	步骤	图示
4	按 SET 键，显示频率符号"F"并闪烁，表明频率设定完成	SET ⇒ 40.00 F
5	断开正转开关，变频器停止输出，电动机停止	正转 反转 OFF

（2）组合操作模式 2

变频器组合操作模式 2 的接线原理图如图 2—4—2 所示，变频器组合操作模式 2 的操作步骤见表 2—4—4。

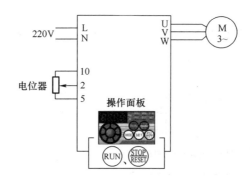

图 2—4—2　变频器组合操作模式 2 的接线原理图

表 2—4—4　　　　　　　　　变频器组合操作模式 2 的操作步骤

序号	步骤	图示
1	将 Pr.79 设置为 4	
2	按 RUN 键，电动机正转	RUN ⇒ 0.00 Hz RUN MON PU EXT
3	旋转外部电位器，设定或改变变频器运行频率，当频率调至 0 时，RUN 指示灯闪烁	⇒ 50.00 Hz RUN MON EXT ⇒ 0.00 Hz RUN MON EXT
4	按 STOP RESET 键，电动机停止	STOP RESET ⇒ 0.00 Hz MON PU EXT

5. 清理场地、归置物品

按照现场管理规范清理场地、归置物品。

五、任务评价

按照表 2—4—5 的评价内容及标准进行自我评价、学生互评和教师评价。

表 2—4—5　　　　　　　　　　　任务评价

评价内容及标准		配分	评分		
			自我评价	学生互评	教师评价
参数设置	参数设置不正确，每处扣 2 分	10			
	工作模式设置不正确，每处扣 5 分				
安装布线	元器件布置不合理，扣 5 分	30			
	元器件安装不牢固，每只扣 4 分				
	元器件安装不整齐、不匀称或不合理，每只扣 3 分				
	元器件损坏，每只扣 15 分				
	导线沿线槽敷设不符合要求，每处扣 2 分				
	不按电气安装接线图接线，扣 20 分				
	布线不符合要求，扣 3 分				
	导线接点松动、露铜过长等，每根扣 1 分				
	导线绝缘层或线芯损伤，每根扣 5 分				
	漏装或套错编码套管，每只扣 1 分				
	漏接接地线，扣 10 分				
故障分析	分析故障、排除故障思路不正确，扣 5~10 分	10			
	标错电路故障范围，扣 5 分				
故障排除	断电后不验电，扣 5 分	20			
	工具及仪表使用不当，每次扣 5 分				
	不能查出故障点，每次扣 5 分				
	能查出故障点但不能排除故障，每次扣 10 分				
	损坏元器件，每只扣 5~10 分				
通电试运行	第一次试运行不成功，扣 10 分	20			
	第二次试运行不成功，扣 15 分				
	第三次试运行不成功，扣 20 分				
安全文明生产	不遵守安全文明生产规程，扣 2~5 分	5			
	施工完成后不认真清理现场，扣 2~5 分				
施工用时	实际用时每超额定用时 5 min，扣 1 分	5			
总分		100			

任务5 变频器的多速段运行

一、任务描述

本任务主要进行变频器的多速度段运行，通过本任务，使学生掌握变频器 7 速段运行、15 速段运行的原理，能完成变频器多速段运行电路的设计、安装和调试。

二、任务要求

1. 设定变频器多速段运行的各参数。
2. 进行变频器多速段运行的外部接线。
3. 额定用时 1 h。

三、任务准备

在实际生产中，很多生产机械正反转的运行速度需要经常改变，变频器对这种生产机械运行控制的基本方法是：利用参数预置功能先设定多挡运行速度（三菱通用变频器 FR—D700 最多可以设置 15 挡），变频器运行时由控制端子进行切换，得到不同的运行速度。多挡运行速度的控制必须在外部运行模式下才有效。

1. 变频器 7 速段运行

变频器 7 速段运行的控制端子电气安装接线图如图 2—5—1 所示。变频器 7 速段组合端子与电动机运行速度的关系如图 2—5—2 所示。7 速段运行要设置的参数有 Pr. 4 ~ Pr. 6、Pr. 24 ~ Pr. 27，它们与运行频率的对应关系见表 2—5—1。

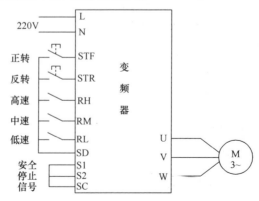

图 2—5—1 变频器 7 速段运行的控制端子电气安装接线图

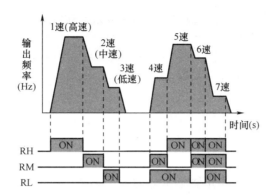

图 2—5—2　变频器 7 速段组合端子与电动机运行速度的关系

表 2—5—1　　　　　　　　　　7 速段运行参数与运行频率的对应关系

导通的输入端子	RH	RM	RL	RM、RL	RH、RL	RH、RM	RH、RM、RL
参数	Pr. 4	Pr. 5	Pr. 6	Pr. 24	Pr. 25	Pr. 26	Pr. 27
运行频率	f_1	f_2	f_3	f_4	f_5	f_6	f_7

2. 变频器 15 速段运行

变频器 15 速段运行的控制端子电气安装接线图如图 2—5—3 所示，变频器 15 速段组合端子与电动机运行速度的关系如图 2—5—4 所示。在变频器的 7 速段运行参数设置的基础上，再设定表 2—5—2 中的 8 种速度，就变成 15 速段运行设置。REX 信号输入所使用的端子，通过将 Pr. 178～Pr. 182 设定为 8 来分配功能。

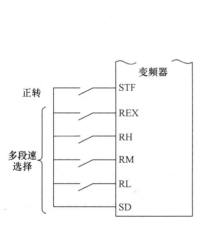

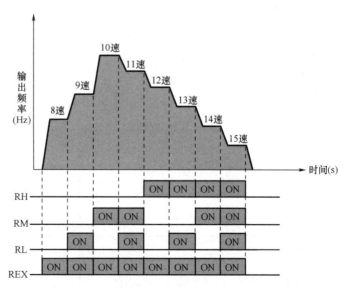

图 2—5—3　变频器 15 速段运行的
控制端子电气安装接线图

图 2—5—4　变频器 15 速段组合端子与电动机运行
速度的关系

表 2—5—2   15 速段运行参数与运行频率的对应关系

参数	Pr. 232	Pr. 233	Pr. 234	Pr. 235	Pr. 236	Pr. 237	Pr. 238	Pr. 239
运行频率	f_8	f_9	f_{10}	f_{11}	f_{12}	f_{13}	f_{14}	f_{15}

四、任务实施

1. 组建小组

任务实施以小组为单位，将班级学生分为 8 个小组，每小组 4 人。每个小组中，1 人为小组长，负责组织小组成员制订工作计划、实施工作计划、汇总小组成果等，并指派专人负责领取和分发材料。

2. 制订工作计划

根据任务要求，制订合理的工作计划，根据小组成员的特点进行分工，并填写表 2—5—3。

表 2—5—3   工作计划

序号	工作内容	时间	负责人
1			
2			
3			
4			
5			
6			
7			
8			

3. 准备材料

将表2—5—4填写完整，向仓库管理员提供该领用材料清单，并领用材料。

表2—5—4　　　　　　　　　　领用材料清单

序号	名称	规格	数量	备注
1				
2				
3				
4				
5				
6				
7				
8				
9				
10				
11				
12				
13				
14				
15				
16				

4. 变频器操作

变频器操作步骤见表2—5—5。

表2—5—5　　　　　　　　　　变频器操作步骤

序号	操作步骤
1	按 PU/EXT 键，选择 PU 操作模式
2	按 MODE 键，进入参数设定模式
3	调节设定用旋钮，选择参数号码 Pr.79
4	按 SET 键，读出 Pr.79 参数的当前设定值
5	继续调节设定用旋钮，把 Pr.79 参数值调至2；按同样方法，设置加速时间 Pr.7 为 3 s，减速时间 Pr.8 为 2 s
6	闭合与端子 STF 连接的开关，使端子 RH 保持常闭状态，观察变频器的运行频率值
7	使端子 RM 保持常闭状态，观察变频器的运行频率值
8	使端子 RL 保持常闭状态，观察变频器的运行频率值
9	将端子 RH、RM 同时保持常闭状态，观察变频器的运行频率值
10	比较在端子 RH、RM、RL 各种组合状态下的变频器运行频率值的最大值，理解多段速的含义

5. 总结变频器的运行规律

填写表 2—5—6，根据端子 RH、RM、RL 的状态和运行频率的关系，总结变频器的运行规律。

表 2—5—6　　　　　　　　　端子状态与运行频率的关系

端子 RH 状态	OFF	OFF	OFF	ON	OFF	ON	ON	ON
端子 RM 状态	OFF	OFF	ON	OFF	ON	OFF	ON	ON
端子 RL 状态	OFF	ON	OFF	OFF	ON	ON	OFF	ON
运行频率								

6. 清理场地、归置物品

按照现场管理规范清理场地、归置物品。

五、任务评价

按照表 2—5—7 的评价内容及标准进行自我评价、学生互评和教师评价。

表 2—5—7　　　　　　　　　　任务评价

评价内容及标准		配分	评分		
			自我评价	学生互评	教师评价
参数设置	参数设置不正确，每处扣 2 分	10			
	工作模式设置不正确，每处扣 5 分				
安装布线	元器件布置不合理，扣 5 分	30			
	元器件安装不牢固，每只扣 4 分				
	元器件安装不整齐、不匀称或不合理，每只扣 3 分				
	元器件损坏，每只扣 15 分				
	导线沿线槽敷设不符合要求，每处扣 2 分				
	不按电气安装接线图接线，扣 20 分				
	布线不符合要求，扣 3 分				
	导线接点松动、露铜过长等，每根扣 1 分				
	导线绝缘层或线芯损伤，每根扣 5 分				
	漏装或套错编码套管，每只扣 1 分				
	漏接接地线，扣 10 分				
故障分析	分析故障、排除故障思路不正确，扣 5~10 分	10			
	标错电路故障范围，扣 5 分				

续表

评价内容及标准		配分	评分		
			自我评价	学生互评	教师评价
故障排除	断电后不验电，扣 5 分	20			
	工具及仪表使用不当，每次扣 5 分				
	不能查出故障点，每次扣 5 分				
	能查出故障点但不能排除故障，每次扣 10 分				
	损坏元器件，每只扣 5~10 分				
通电试运行	第一次试运行不成功，扣 10 分	20			
	第二次试运行不成功，扣 15 分				
	第三次试运行不成功，扣 20 分				
安全文明生产	不遵守安全文明生产规程，扣 2~5 分	5			
	施工完成后不认真清理现场，扣 2~5 分				
施工用时	实际用时每超额定用时 5 min，扣 1 分	5			
总分		100			

任务 6　PID 变频调速控制

一、任务描述

本任务主要进行 PID 变频调速控制，通过本任务，使学生掌握 PID 控制的目的、基本构成、参数设置，能完成 PID 变频调速控制电路的设计、安装和调试。

二、任务要求

1. 设定 PID 变频调速控制的参数。

2. 对 PID 变频调速控制进行接线。

3. 额定用时 1 h。

三、任务准备

1. PID 控制概述

PID 控制是使控制系统的被控量在各种情况下都能够迅速而准确地无限接近控制目标的一种手段。具体地说，PID 控制随时将传感器测量的实际信号（称为反馈信号）与被控量的目标信号相比较，以判断是否已经到达预定的控制目标，如尚未达到目标，则根据两者的差值进行调整，直至达到预定的控制目标。

变频器本身就能实现流量、风量和压力等参数的 PID 控制，而无须借助其他器件。PID 控制基本构成如图 2—6—1 所示。K_p 为比例增益，对执行量的瞬间变化有很大影响；T_i 为积分时间常数，该值越小，达到目标值就越快，但也容易引起振荡（积分作用一般使输出响应滞后）；T_d 为微分时间常数，该值越大，反馈的微小变化就越容易引起较大的响应（微分作用一般使输出响应超前）；S 为传递函数变量。

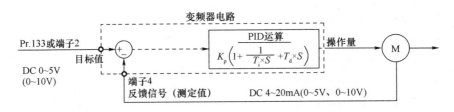

图 2—6—1　PID 控制基本构成

2. PID 变频调速控制的电气安装接线图（见图 2—6—2）

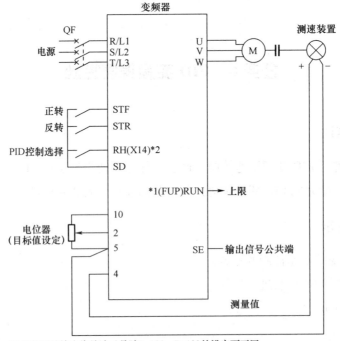

*1 所使用的输出信号端子号随 Pr.190、Pr.192 的设定而不同
*2 所使用的输出信号端子号随 Pr.178～Pr.182 的设定而不同

图 2—6—2　PID 变频调速控制的电气安装接线图

3. PID 变频调速控制的参数设置（见表 2—6—1）

表 2—6—1   **PID 变频调速控制的参数设置**

参数	预设值	说明
Pr. 182	14	选择变频器的端子 RH 为 PID 控制端子
Pr. 128	20	PID 负作用控制
Pr. 267	2	端子 4 输入 0~10 V
Pr. 129	50	PID 比例带（50%）
Pr. 130	1	PID 积分时间（1 s）
Pr. 134	9 999	PID 微分时间，9 999 表示无微分作用
Pr. 131	9 999	不设定 PID 上限
Pr. 132	9 999	不设定 PID 下限
Pr. C6	0	端子 4 输入无偏置
Pr. 133	待设	PID 动作目标设定

四、任务实施

1. 组建小组

任务实施以小组为单位，将班级学生分为 8 个小组，每小组 4 人。每个小组中，1 人为小组长，负责组织小组成员制订工作计划、实施工作计划、汇总小组成果等，并指派专人负责领取和分发材料。

2. 制订工作计划

根据任务要求，制订合理的工作计划，根据小组成员的特点进行分工，并填写表 2—6—2。

表 2—6—2   **工作计划**

序号	工作内容	时间	负责人
1			
2			
3			
4			

序号	工作内容	时间	负责人
5			
6			
7			
8			

3. 准备材料

将表 2—6—3 填写完整，向仓库管理员提供该领用材料清单，并领用材料。

表 2—6—3　　　　　　　　　　　领用材料清单

序号	名称	规格	数量	备注
1				
2				
3				
4				
5				
6				
7				
8				
9				
10				
11				
12				
13				
14				
15				
16				

4. 标定检测转换装置的输入与输出关系

PID 控制是针对偏差进行的，偏差是给定值与反馈值（测量值）的差，而不是给定值与控制目标值的差。如果检测转换装置的输入与输出是严格的线性关系，只要经过简单的换算就可以根据需要设定给定值。但很多情况下，输入与输出之间是非线性或者近似线性的关系，此时就必须先测定它们的关系。

本任务中，控制目标是电动机的转速。电动机的额度转速为 1 400 r/min，检测转换装置是光电旋转编码器，输出信号为 0~10 V。

5. PID 变频调速控制操作步骤

（1）根据检测转换装置的输入与输出关系，设定 Pr. 133 参数。

分别对应转速 400 r/min、800 r/min 和 1 200 r/min 设定 Pr. 133 参数。例如，转速为 400 r/min 时，测速装置输出 3.1 V，则设定 Pr. 133 = 31%。Pr. 133 设定完毕，合上开关 RH 和 STF，电动机的转速稳定后，在表 2—6—4 中记录电动机的实际转速。

表 2—6—4　　　　　　　　　　电动机的转速

Pr. 133	期望转速（r/min）	实际转速（r/min）	去除积分作用后实际转速（r/min）
	400		
	800		
	1 200		

（2）设置 Pr. 130 = 9 999，即去除积分作用，测量去除积分作用后实际转速，并记录在表 2—6—4 中。

（3）设置 Pr. 133 = 9 999，端子 2 输入电压为 0~5 V，对应于反馈值 0~10 V。如果忽略变频器的误差，当端子 2 的给定值为 2 V 时，控制目标是反馈值为 4 V 时的转速。分别对应转速 400 r/min、800 r/min 和 1 200 r/min，设定端子 2 的给定值，合上开关 RH 和 STF，电动机的转速稳定后，在表 2—6—5 中记录电动机的实际转速。

表 2—6—5　　　　　　　　　　电动机的转速

端子 2 的给定值（V）	期望转速（r/min）	实际转速（r/min）	去除积分作用后实际转速（r/min）
	400		
	800		
	1 200		

（4）设置 Pr. 130 = 9 999，即去除积分作用，测量去除积分作用后实际转速，并记录在表 2—6—5 中。

（5）修改 PID 参数，观察电动机转速的动态变化。

6. 清理场地、归置物品

按照现场管理规范清理场地、归置物品。

五、任务评价

按照表2—6—6的评价内容及标准进行自我评价、学生互评和教师评价。

表2—6—6 任务评价

评价内容及标准		配分	评分		
			自我评价	学生互评	教师评价
参数设置	参数设置不正确，每处扣2分	10			
	工作模式设置不正确，每处扣5分				
安装布线	元器件布置不合理，扣5分	30			
	元器件安装不牢固，每只扣4分				
	元器件安装不整齐、不匀称或不合理，每只扣3分				
	元器件损坏，每只扣15分				
	导线沿线槽敷设不符合要求，每处扣2分				
	不按电气安装接线图接线，扣20分				
	布线不符合要求，扣3分				
	导线接点松动、露铜过长等，每根扣1分				
	导线绝缘层或线芯损伤，每根扣5分				
	漏装或套错编码套管，每只扣1分				
	漏接接地线，扣10分				
故障分析	分析故障、排除故障思路不正确，扣5~10分	10			
	标错电路故障范围，扣5分				
故障排除	断电后不验电，扣5分	20			
	工具及仪表使用不当，每次扣5分				
	不能查出故障点，每次扣5分				
	能查出故障点但不能排除故障，每次扣10分				
	损坏元器件，每只扣5~10分				
通电试运行	第一次试运行不成功，扣10分	20			
	第二次试运行不成功，扣15分				
	第三次试运行不成功，扣20分				
安全文明生产	不遵守安全文明生产规程，扣2~5分	5			
	施工完成后不认真清理现场，扣2~5分				
施工用时	实际用时每超额定用时5 min，扣1分	5			
总分		100			

任务7　基于PLC变频器外部端子的电动机正反转控制

一、任务描述

本任务主要进行基于 PLC 变频器外部端子的电动机正反转控制，通过本任务，使学生掌握 PLC 通过外部端子控制变频器的参数设置，能完成基于 PLC 变频器外部端子的电动机正反转控制电路的设计、安装和调试。

二、任务要求

1. 用 PLC 控制变频器，使电动机按图 2—7—1 所示的运行曲线运行。

2. 变频器加速时间为 3 s，减速时间为 2 s。

3. 按下手动启动按钮，电动机按照图 2—7—1 所示运行曲线运行一次；按下自动启动按钮，电动机按照图 2—7—1 所示运行曲线循环运行。

4. 额定用时 1 h。

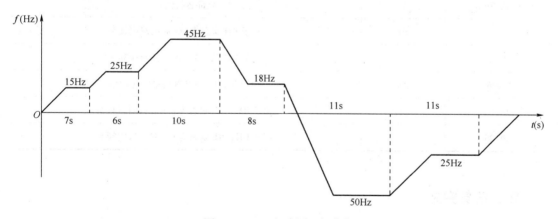

图 2—7—1　电动机运行曲线

三、任务准备

1. PLC 与变频器的控制线路连接

要控制电动机自动按照图 2—7—1 所示的曲线运行，有多种方法：变频器程序控制、PLC 控制变频器多挡速度组合运行、PLC 输出模拟量作为变频器的频率给定。本任务选用第 2 种方法。PLC 与变频器的控制线路连接如图 2—7—2 所示。

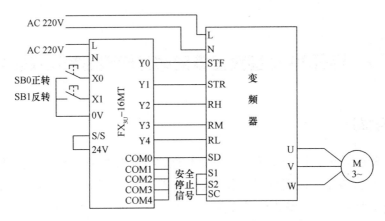

图 2—7—2　PLC 与变频器的控制线路连接

2. PLC 通过外部端子控制变频器的参数设置

因为图 2—7—1 所示运行曲线有五种频率，所以变频器采用多挡速度运行方式，变频器的参数设置见表 2—7—1。

表 2—7—1　　　　　　　　　　　　　　变频器的参数设置

参数	设置值	说明
Pr. 79	2	外部运行模式
Pr. 4	50	端子 RH 状态为 ON 时的对应频率
Pr. 5	45	端子 RM 状态为 ON 时的对应频率
Pr. 6	25	端子 RL 状态为 ON 时的对应频率
Pr. 24	18	端子 RM、RL 状态为 ON 时的对应频率
Pr. 25	15	端子 RH、RL 状态为 ON 时的对应频率

四、任务实施

1. 组建小组

任务实施以小组为单位，将班级学生分为 8 个小组，每小组 4 人。每个小组中，1 人为小组长，负责组织小组成员制订工作计划、实施工作计划、汇总小组成果等，并指派专人负责领取和分发材料。

2. 制订工作计划

根据任务要求，制订合理的工作计划，根据小组成员的特点进行分工，并填写表 2—7—2。

表 2—7—2　　　　　　　　　　工作计划

序号	工作内容	时间	负责人
1			
2			
3			
4			
5			
6			
7			
8			

3. 准备材料

将表 2—7—3 填写完整，向仓库管理员提供该领用材料清单，并领用材料。

表 2—7—3　　　　　　　　　　领用材料清单

序号	名称	规格	数量	备注
1				
2				
3				
4				
5				
6				
7				
8				
9				

序号	名称	规格	数量	备注
10				
11				
12				
13				
14				
15				
16				

4. 连接主电路和控制电路，仔细检查。

5. 设置变频器的参数（设置前最好清除所有参数）。

6. 设计、画出 PLC 梯形图或 SFC。

7. 写入 PLC 程序，启动运行，观察并记录变频器的输出。若变频器未按要求输出，则修改 PLC 的程序，直至符合要求。

8. 清理场地、归置物品

按照现场管理规范清理场地、归置物品。

五、任务评价

按照表 2—7—4 的评价内容及标准进行自我评价、学生互评和教师评价。

表 2—7—4 任务评价

评价内容及标准		配分	评分		
			自我评价	学生互评	教师评价
参数设置	参数设置不正确，每处扣 2 分	10			
	工作模式设置不正确，每处扣 5 分				
安装布线	元器件布置不合理，扣 5 分	30			
	元器件安装不牢固，每只扣 4 分				
	元器件安装不整齐、不匀称或不合理，每只扣 3 分				
	元器件损坏，每只扣 15 分				
	导线沿线槽敷设不符合要求，每处扣 2 分				
	不按电气安装接线图接线，扣 20 分				
	布线不符合要求，扣 3 分				
	导线接点松动、露铜过长等，每根扣 1 分				
	导线绝缘层或线芯损伤，每根扣 5 分				
	漏装或套错编码套管，每只扣 1 分				
	漏接接地线，扣 10 分				
故障分析	分析故障、排除故障思路不正确，扣 5~10 分	10			
	标错电路故障范围，扣 5 分				
故障排除	断电后不验电，扣 5 分	20			
	工具及仪表使用不当，每次扣 5 分				
	不能查出故障点，每次扣 5 分				
	能查出故障点但不能排除故障，每次扣 10 分				
	损坏元器件，每只扣 5~10 分				
通电试运行	第一次试运行不成功，扣 10 分	20			
	第二次试运行不成功，扣 15 分				
	第三次试运行不成功，扣 20 分				
安全文明生产	不遵守安全文明生产规程，扣 2~5 分	5			
	施工完成后不认真清理现场，扣 2~5 分				
施工用时	实际用时每超额定用时 5 min，扣 1 分	5			
总分		100			

任务8　基于 PLC 模拟量方式的变频开环调试控制

一、任务描述

本任务主要进行基于 PLC 模拟量方式的变频开环调试控制，通过本任务，使学生了解变频器外部端子的功能，掌握 PLC 与变频器的连接方法、外部运行模式下变频器的操作方法、PLC 模拟量的控制方法等。

二、任务要求

1. 设置变频器输出的额定频率、额定电压、额定电流、额定功率、额定转速。
2. 采用变频器外部控制模式，通过 PLC 控制变频器的正转、反转和停止。
3. 通过 FX_{0N}—3A 模拟量特殊功能模块，实现变频器的任意频率运行。
4. 额定用时 1 h。

三、任务准备

1. 模拟量输入模块

模拟量输入信号大多是从传感器经过变换后得到的，模拟量输入信号有电压和电流两种。标准的模拟量输入信号是 4~20 mA 电流信号、0~10 V 或 0~5 V 直流电压信号。模拟量输入模块接收这种模拟信号后，把它转换成 8 位、10 位或 12 位的二进制数字信号（最大值分别为 255、1 023、4 096）。PLC 通过相应的指令对模拟量输入模块进行读操作，并对传送过来的数据进行运算和处理，因此模拟量输入模块又叫 A/D 转换模块。

2. 模拟量输出模块

模拟量输出模块是 PLC 将二进制的数字信号转换成 4~20 mA 电流信号、0~10 V 或 0~5 V 直流电压信号，以提供给执行机构，因此，模拟量输出模块又叫 D/A 转换模块。

3. FX_{0N}—3A 模拟量特殊功能模块

FX_{0N}—3A 模拟量特殊功能模块有两个输入通道和一个输出通道，输入通道接收模拟信号并将模拟信号转换成数字值，输出通道采用数字值并输出等量模拟信号。FX_{0N}—3A 模拟量特殊功能模块的最大分辨率为 8 位。在输入/输出基础上选择的电压或电流，由用户接线方式决定。FX_{0N}—3A 模拟量特殊功能模块在 PLC 扩展母线上占用 8 个 I/O 点，8 个 I/O 点可以分配给输入或输出。所有数据传输和参数设置都是通过应用到 PLC 中的 TO/FROM 指令，以及通过 FX_{0N}—3A 模拟量特殊功能模块的软件进行控制调节。

（1）FX_{0N}—3A 模拟量特殊功能模块的性能（见表 2—8—1 和表 2—8—2）

表 2—8—1   **FX_{0N}—3A 模拟量特殊功能模块的输入性能**

输入	电压输入	电流输入
模拟输入范围	默认状态下，DC 0~10 V 输入选择 0~250 范围，如果需要其他电压输入，应重新调整偏置和增益	
	DC 0~10 V/0~5 V，电阻 200 kΩ 注意：输入电压小于 -0.5 V 或大于 +15 V，就可能损坏该模块	4~20 mA，电阻 250 Ω 注意：输入电流小于 -2 mA 或大于 +60 mA，就可能损坏该模块
数字分辨率	8 bit（位）	
信号分辨率	40 mV	60 μA
精度	±0.1 V	±0.16 mA
处理时间	TO 指令处理时间×2+FROM 指令处理时间	
输入特点		
	注意：不允许两个通道有不同的输入特性	

表 2—8—2   **FX_{0N}—3A 模拟量特殊功能模块的输出性能**

输出	电压输出	电流输出
模拟输出范围	默认状态下，DC 0~10 V 输入选择 0~250 范围，如果需要其他电压输入，应重新调整偏置和增益	
	DC 0~10 V/0~5 V，外部负载 1 kΩ~1 MΩ	4~20 mA，外部负载 500 Ω 或更小
数字分辨率	8 bit（位）	
信号分辨率	40 mV	60 μA
精度	±0.1 V	±0.16 mA
处理时间	TO 指令处理时间×3	

续表

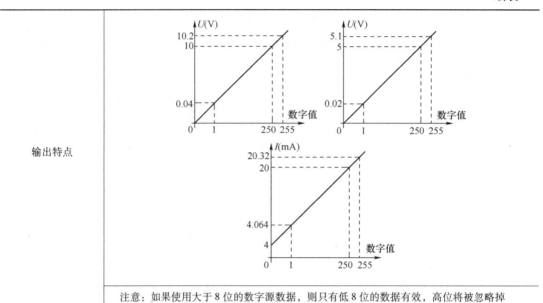

输出特点

注意：如果使用大于 8 位的数字源数据，则只有低 8 位的数据有效，高位将被忽略掉

（2）FX$_{0N}$—3A 模拟量特殊功能模块的端子接线（见图 2—8—1）

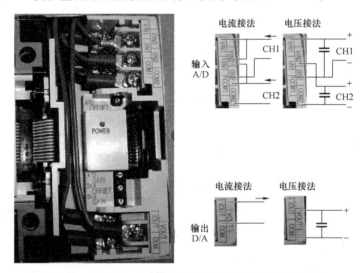

图 2—8—1　FX$_{0N}$—3A 模拟量特殊功能模块的端子接线

图中电容为 25 V、0.1~0.47 μF。

4. 模拟量读指令（RD3A 指令）

对于 FX$_{2N}$系列及以上版本的 PLC，可以采用模拟量读指令 RD3A 和模拟量写指令 WR3A 对 FX$_{0N}$—3A、FX$_{2N}$—5A、FX$_{2N}$—2AD 等模拟量模块进行数据访问。RD3A 指令格式如图 2—8—2 所示。

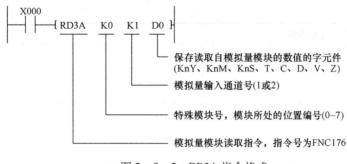

图 2—8—2　RD3A 指令格式

5. 模拟量写指令（WR3A 指令）

WR3A 指令格式如图 2—8—3 所示。

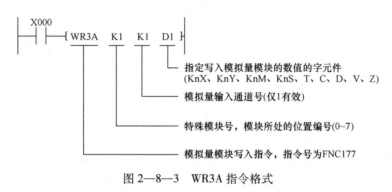

图 2—8—3　WR3A 指令格式

四、任务实施

1. 组建小组

任务实施以小组为单位，将班级学生分为 8 个小组，每小组 4 人。每个小组中，1 人为小组长，负责组织小组成员制订工作计划、实施工作计划、汇总小组成果等，并指派专人负责领取和分发材料。

2. 制订工作计划

根据任务要求，制订合理的工作计划，根据小组成员的特点进行分工，并填写表 2—8—3。

表 2—8—3　　　　　　　　　　　　工作计划

序号	工作内容	时间	负责人
1			

序号	工作内容	时间	负责人
2			
3			
4			
5			
6			
7			
8			

3. 准备材料

将表2—8—4填写完整，向仓库管理员提供该领用材料清单，并领用材料。

表2—8—4　　　　　　　　领用材料清单

序号	名称	规格	数量	备注
1				
2				
3				
4				
5				
6				
7				
8				

续表

序号	名称	规格	数量	备注
9				
10				
11				
12				
13				
14				
15				
16				

4. 连接主电路和控制电路，并仔细检查。

5. 按如图 2—8—4 所示的基于 PLC 模拟量方式的变频开环调试控制电气安装接线图接线。

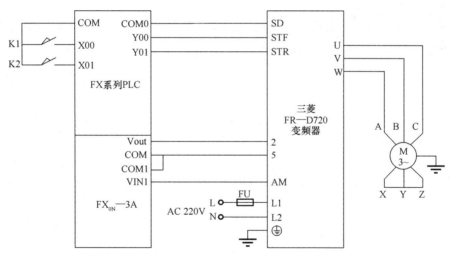

图 2—8—4　基于 PLC 模拟量方式的变频开环调试控制电气安装接线图

6. 设计、画出 PLC 梯形图或 SFC。

7. 设置变频器参数。

8. 写入 PLC 程序，启动运行，观察并记录变频器的输出。若变频器未按要求输出，则修改 PLC 的程序，直至符合要求。

9. 清理场地、归置物品

按照现场管理规范清理场地、归置物品。

五、任务评价

按照表 2—8—5 的评价内容及标准进行自我评价、学生互评和教师评价。

表 2—8—5　　　　　　　　　　任务评价

评价内容及标准		配分	评分		
			自我评价	学生互评	教师评价
参数设置	参数设置不正确，每处扣 2 分	10			
	工作模式设置不正确，每处扣 5 分				
安装布线	元器件布置不合理，扣 5 分	30			
	元器件安装不牢固，每只扣 4 分				
	元器件安装不整齐、不匀称或不合理，每只扣 3 分				
	元器件损坏，每只扣 15 分				
	导线沿线槽敷设不符合要求，每处扣 2 分				
	不按电气安装接线图接线，扣 20 分				
	布线不符合要求，扣 3 分				
	导线接点松动、露铜过长等，每根扣 1 分				
	导线绝缘层或线芯损伤，每根扣 5 分				
	漏装或套错编码套管，每只扣 1 分				
	漏接接地线，扣 10 分				
故障分析	分析故障、排除故障思路不正确，扣 5~10 分	10			
	标错电路故障范围，扣 5 分				
故障排除	断电后不验电，扣 5 分	20			
	工具及仪表使用不当，每次扣 5 分				
	不能查出故障点，每次扣 5 分				
	能查出故障点但不能排除故障，每次扣 10 分				
	损坏元器件，每只扣 5~10 分				
通电试运行	第一次试运行不成功，扣 10 分	20			
	第二次试运行不成功，扣 15 分				
	第三次试运行不成功，扣 20 分				

评价内容及标准		配分	评分		
			自我评价	学生互评	教师评价
安全文明生产	不遵守安全文明生产规程，扣 2~5 分	5			
	施工完成后不认真清理现场，扣 2~5 分				
施工用时	实际用时每超额定用时 5 min，扣 1 分	5			
总分		100			

模块三 电子技术

任务1 单相桥式可控整流电阻性负载电路安装与调试

一、任务描述

本任务主要进行单相桥式可控整流电阻性负载电路的安装与调试，通过本任务，使学生了解单相可控整流的作用及工作原理，掌握电子线路焊接技术，能处理常见故障。

二、任务要求

1. 识读电路图，明确各元器件的作用。
2. 正确地使用示波器。
3. 依据电路图，手工焊接完成单相桥式可控整流电阻性负载电路的安装与调试。
4. 绘制可控整流的波形图。
5. 额定用时 1 h。

三、任务准备

1. 晶闸管的工作原理

晶闸管最初应用于可控整流，又叫可控硅，是一种以硅单晶为基本材料的 P1N1P2N2 四层三端半导体器件。

晶闸管的特性类似于真空闸流管。在性能上，晶闸管不仅具有单向导电性，而且具有比硅整流元件更为可贵的可控性，它只有导通和断开两种状态。

晶闸管的优点：以小功率控制大功率，功率放大倍数高达几十万倍；反应极快，可在微秒级内实现导通或断开；无触头运行，无火花及噪声；效率高，成本低等。

（1）晶闸管的结构

不管晶闸管的外形如何，它的管芯都是由 P 型硅和 N 型硅组成的四层 P1N1P2N2 结构，如图 3—1—1 所示。它有三个 PN 结（J1、J2、J3），从 J1 结构的 P1 层引出阳极 A，从 N2 层引出阴极 K，从 P2 层引出控制极 G。

（2）晶闸管的工作原理

晶闸管可看作由一个 PNP 管和一个 NPN 管组成，其等效图解如图 3—1—2 所示。

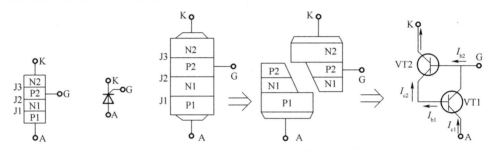

图 3—1—1　晶闸管的结构　　　　　图 3—1—2　晶闸管等效图解

当在阳极 A 上加正向电压时，VT1 和 VT2 均处于放大状态。此时，如果从控制极 G 输入一个正向触发信号，VT2 便有基级电流 I_{b2} 流过，经 VT2 放大，其集电极电流 $I_{c2} = \beta_2 I_{b2}$。因为 VT2 的集电极直接与 VT1 的基极相连，所以 $I_{b1} = I_{c2}$。此时，电流 I_{c2} 再经 VT1 放大，于是 VT1 的集电极电流 $I_{c1} = \beta_1 I_{b1} = \beta_1 \beta_2 I_{b2}$，这个电流又流回到 VT2 的基极，形成正反馈，使 I_{b2} 不断增大，如此正反馈循环的结果：两个管子的电流剧增，使晶闸管饱和导通。

由于 VT1 和 VT2 构成正反馈作用，所以一旦晶闸管导通后，即使控制极 G 的电流消失，晶闸管仍然能够维持导通状态。由于触发信号只起触发作用，没有断开功能，所以这种晶闸管不可断开。由于晶闸管只有导通和断开两种工作状态，所以它具有开关特性，这种特性需要一定的条件才能转化。

（3）晶闸管的导通与断开条件

如图 3—1—3 所示，当 SCR 的阳极和阴极电压 $U_{AK} < 0$ 时，即电源 E_A 的电压下正上负，无论控制极 G 加什么电压，SCR 始终处于断开状态；当 $U_{AK} > 0$ 时，只有 $E_{GK} > 0$，SCR 才能导通，说明 SCR 具有正向阻断能力；SCR 一旦导通，控制极 G 将失去控制作用，即无论电源 E_G 的电压如何，均保持导通状态。SCR 导通后的管压降为 1 V 左右，主电路中的电流 I 由 R、RP 以及 E_A 的大小决定。当 $U_{AK} < 0$ 时，无论 SCR 原来的状态如何，都会使 LAMP 熄灭，即此时 SCR 断开。其实，在 I 逐渐降低（通过调整 RP）至某一个小数值时，刚刚能够维持 SCR 导通，如果继续降低 I，则 SCR 同样会断开。该小电流称为 SCR 的维持电流。

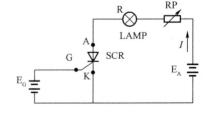

2. 单相桥式可控整流

单相桥式可控整流电路图及波形图如图 3—1—4　图 3—1—3　晶闸管导通条件试验电路

所示，i_2 为可控整流桥的输入电流，i_d 为流经负载的直流电流。VT1 和 VT4 组成一对桥臂，在 u_2 正半周承受电压 u_2，得到触发脉冲 u_g 即导通，当 u_2 过零时关断；VT2 和 VT3 组成另一对桥臂，在 u_2 正半周承受电压 $-u_2$，得到触发脉冲 u_g 即导通，当 u_2 过零时关断。

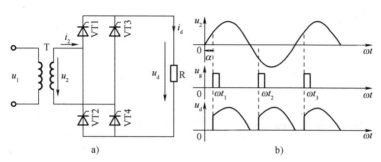

图 3—1—4 单相桥式可控整流电路图及波形图

a）电路图 b）波形图

3. 单相晶闸管移相触发模块

单相晶闸管移相触发模块的原理是根据控制电压 CONT 的大小，输出端产生与电网电压同步的双倍电网频率的移相角从 180° 到 0° 范围内变化的宽脉冲，用以驱动晶闸管，使交流负载上的电压从 0 V 到最大值线性可调，从而达到移相调压的目的。

触发模块内部包括同步相位检测电路、锯齿波形成电路、输入控制调整电路、基准电路、移相比较电路、驱动触发输出电路以及提供这些电路工作的稳压电源等，可进行电位器手动控制或电压信号、电流信号的自动控制。触发模块使用单宽脉冲强触发方式，可适应感性负载或阻性负载。由单相晶闸管移相触发模块构成的单相桥式可控整流电路接线图如图 3—1—5 所示。

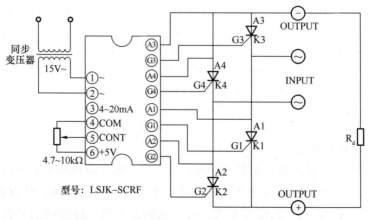

图 3—1—5 单相桥式可控整流电路接线图

4. 示波器的使用

（1）示波器概述

通过示波器可以观察被测电路的波形，包括形状、幅度、频率（周期）、相位等，还可以比较两个波形，从而迅速、准确地找到故障原因。虽然示波器的型号、品种繁多，但其基本组成和功能大同小异。

（2）示波器的面板介绍

下面以 GOS—620 示波器为例进行介绍，其面板如图 3—1—6 所示。

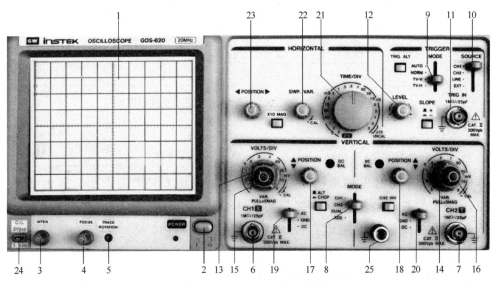

图 3—1—6　GOS—620 示波器面板

1—荧光屏　2—电源（POWER）　3—辉度旋钮（INTENSITY）　4—聚焦旋钮（FOCUS）　5—辉线旋转旋钮（TRACE ROTATION）　6—通道 1（CH1）的垂直放大器信号输入插座　7—通道 2（CH2）的垂直放大器信号输入插座　8—垂直轴工作方式选择开关（MODE）　9—扫描方式选择开关（MODE）10—触发信号源选择开关（SOURCE）　11—外触发信号输入端子（TRIG IN）　12—触发电平和触发极性选择开关（LEVEL）　13—通道 1（CH1）的垂直轴电压灵敏度开关（VOLTS/DIV）　14—通道 2（CH2）的垂直轴电压灵敏开关（VOLTS/DIV）　15—通道 1（CH1）的可变衰减旋钮/增益×5 开关（VAR，PULL×5MAG）　16—通道 2（CH2）的可变衰减旋钮/增益×5 开关（VAR，PULL×5MAG）　17—通道 1（CH1）的垂直位置调整旋钮（POSITION）　18—通道 2（CH2）的垂直位置调整旋钮（POSITION）　19、20—通道 1（CH1）和通道 2（CH2）垂直放大器输入耦合方式切换开关（AC—GND—DC）　21—扫描速度切换开关（TIME/DIV）22—扫描速度可变旋钮（SWP VAR）　23—水平位置旋钮/扫描扩展开关（POSITION）　24—探头校正信号的输出端子（CAL）　25—接地端子（GND）

1）电源、示波管部分

①荧光屏。荧光屏是示波管的显示部分。荧光屏上水平方向和垂直方向各有多条刻度线，指示出信号波形的电压和时间之间的关系。水平方向指示时间，垂直方向指示电压。水平方向分为 10 格，垂直方向分为 8 格，每格又分为 5 份。将被测信号在荧光屏上占的格数乘以适当的比例常数（V/DIV、TIME/DIV）能得出电压值与时间值。

②电源（POWER）。示波器主电源开关位于荧光屏的右上角。当按下此开关时，电源指示灯亮，表示电源接通。

③辉度旋钮（INTENSITY）。旋转此旋钮能改变光点和扫描线的亮度。顺时针旋转，亮度增大。观察低频信号时亮度可小些，高频信号时大些，以适合自己的亮度为准，一般不应太亮，以保护荧光屏。

④聚焦旋钮（FOCUS）。聚焦旋钮可调节电子束截面大小，将扫描线聚焦成最清晰的状态。

⑤辉线旋转旋钮（TRACE ROTATION）。受地磁场的影响，水平辉线可能会与水平刻度线形成夹角，用此旋钮可使辉线旋转，进行校准。

⑥通道1（CH1）的垂直放大器信号输入插座。当示波器工作于X—Y模式时，作为X信号的输入端。

⑦通道2（CH2）的垂直放大器信号输入插座。当示波器工作于X—Y模式时，作为Y信号的输入端。

⑧垂直轴工作方式选择开关（MODE）。输入通道有四种选择方式：通道1（CH1）、通道2（CH2）、双通道显示方式（DUAL）、叠加显示方式（ADD）。

CH1：选择通道1，示波器仅显示通道1的信号。

CH2：选择通道2，示波器仅显示通道2的信号。

DUAL：选择双通道显示方式。在此模式下，选择ALT时，两路信号交替地显示；在此模式下，选择CHOP时，示波器同时显示通道1和通道2信号。

ADD：选择两通道叠加方式，示波器显示两通道波形叠加后的波形。

⑨扫描方式选择开关（MODE）。扫描有自动（AUTO）、常态（NORM）、视频—场（TV—V）和视频—行（TV—H）四种方式。

自动（AUTO）：自动方式，任何情况下都有扫描线。当有触发信号输入时，正常进行同步扫描，波形静止；当无触发信号输入时，或者触发信号频率低于50 Hz时，扫描为自激方式。

常态（NORM）：仅在有触发信号时进行扫描。当无触发信号输入时，扫描处于准备状态，没有扫描线；当触发信号输入后，触发扫描。观测超低频信号（25 Hz）调整触发电平时，使用这种触发方式。

视频—场（TV—V）：用于观测视频—场信号。

视频—行（TV—H）：用于观测视频—行信号。

注意：视频—场（TV—V）和视频—行（TV—H）两种触发方式仅在视频信号的同步极性为负时才起作用。

⑩触发信号源选择开关（SOURCE）。要使荧光屏上显示稳定的波形，需将被测信号本身或者与被测信号有一定时间关系的触发信号加到触发电路。触发信号源的选择确定触

发信号由何处供给。通常有四种触发信号源：内触发（CH1）、内触发（CH2）、电源触发（LINE）、外触发（EXT）。

内触发（CH1）、内触发（CH2）：内触发使用被测信号作为触发信号，是经常使用的一种触发方式。触发信号本身是被测信号的一部分，在荧光屏上可以显示出非常稳定的波形。以通道1（CH1）或通道2（CH2）的输入信号作为触发信号源。

电源触发（LINE）：电源触发使用交流电源频率信号作为触发信号。这种方法在测量与交流电源频率有关的信号时有效，特别在测量音频电路、闸流管的低电平交流噪声时更为有效。

外触发（EXT）：TRIG INPUT的输入信号作为触发信号源。外加信号从外触发输入端输入。外触发信号与被测信号间应具有周期性的关系。由于被测信号没有用作触发信号，所以何时开始扫描与被测信号无关。

⑪外触发信号输入端子（TRIG IN）。外触发信号的输入端子。

⑫触发电平和触发极性选择开关（LEVEL）。触发电平调节又称同步调节，它使扫描与被测信号同步。电平调节旋钮调节触发信号的触发电平。一旦触发信号超过由旋钮设定的触发电平时，扫描即被触发。顺时针旋转旋钮，触发电平上升；逆时针旋转旋钮，触发电平下降。当电平旋钮调到电平锁定位置时，触发电平自动保持在触发信号的幅度之内，不需要电平调节就能产生一个稳定的触发。当信号波形复杂，用电平旋钮不能稳定触发时，用释抑旋钮（Hold Off）调节波形的释抑时间（扫描暂停时间），能使扫描与波形稳定同步。

极性开关用来选择触发信号的极性。当开关拨到"+"位置上时，在信号增加的方向上，当触发信号超过触发电平时就产生触发；当开关拨到"−"位置上时，在信号减少的方向上，当触发信号超过触发电平时就产生触发。触发极性和触发电平共同决定触发信号的触发点。

2）垂直偏转系统

①通道1（CH1）、通道2（CH2）的垂直轴电压灵敏度开关（VOLTS/DIV）。双踪示波器中每个通道各有一个垂直偏转因数选择波段开关。

在单位输入信号作用下，光点在荧光屏上偏移的距离称为偏移灵敏度，这一定义对 X 轴和 Y 轴都适用。灵敏度的倒数称为偏转因数。

垂直灵敏度的单位为 cm/V、cm/mV 或者 DIV/V、DIV/mV。垂直偏转因数的单位是 V/cm、mV/cm 或者 V/DIV、mV/DIV。实际上，因习惯用法和为方便测量电压读数，有时也把偏转因数当灵敏度。一般按1、2、5方式从5 mV/DIV到5 V/DIV分为10挡。波段开关指示的值代表荧光屏上垂直方向一格（1 cm）的电压值。例如，波段开关置于1 V/DIV挡时，如果荧光屏上信号光点移动一格，则代表输入信号电压变化1 V。使用10∶1探头时，应将测量结果进行×10的换算。

②通道 1（CH1）、通道 2（CH2）的可变衰减旋钮/增益×5 开关（VAR，PULL×5MAG）。每一个电压灵敏度开关上方都有一个小旋钮。微调每挡垂直偏转因数，将它沿顺时针方向旋到底，处于校准位置，此时垂直偏转因数值与波段开关所指示的值一致。逆时针旋转此旋钮，能够微调垂直偏转因数。应注意，垂直偏转因数微调后，会造成与波段开关的指示值不一致。许多示波器具有垂直扩展功能，当微调旋钮被拉出时，垂直灵敏度扩大 5 倍（偏转因数缩小为原来的 1/5）。例如，如果波段开关指示的偏转因数是 1 V/DIV，采用×5 扩展状态时，垂直偏转因数是 0.2 V/DIV。

③通道 1（CH1）、通道 2（CH2）的垂直位置调整旋钮（POSITION）。顺时针旋转旋钮，辉线上升；逆时针旋转旋钮，辉线下降。

④通道 1（CH1）和通道 2（CH2）垂直放大器输入耦合方式切换开关（AC—GND—DC）

AC：经电容器耦合，输入信号的直流分量被抑制，只显示其交流分量。

GND：垂直放大器的输入端被接地。

DC：直接耦合，输入信号的直流分量和交流分量同时显示。

3）水平偏转系统

①扫描速度切换开关（TIME/DIV）。扫描速度切换开关通过一个波段开关实现，按 1、2、5 方式把时基分为若干挡。波段开关的指示值代表光点在水平方向移动一格（1 cm）的时间值。例如，在 1 μs/DIV 挡，光点在荧光屏上移动一格代表时间值 1 μs。

②扫描速度可变旋钮（SWP VAR）。扫描速度可变旋钮为扫描速度微调，微调旋钮用于时基校准和微调。沿顺时针方向旋到底处于校准位置时，荧光屏上显示的时基值与波段开关所示的标称值一致。逆时针旋转旋钮，则对时基微调。旋钮拔出后处于扫描扩展状态，通常为×10 扩展，即水平灵敏度扩大 10 倍，时基缩小到 1/10。例如，在 2 μs/DIV 挡，扫描扩展状态下，荧光屏上水平一格（1 cm）代表的时间值为 2 μs×（1/10）= 0.2 μs。

③水平位置旋钮/扫描扩展开关（POSITION）。可调节信号波形在荧光屏上的位置。旋转水平位置旋钮（标有水平双向箭头），可左右移动信号波形，旋转垂直位置旋钮（标有垂直双向箭头），可上下移动信号波形。

④探头校正信号的输出端子（CAL）。输出方波信号，即示波器内部标准信号。

⑤接地端子（GND）。示波器接地端。

（3）示波器的应用举例

以测量 AC 15 V 为例，用 220/15 降压变压器将 220 V 交流电转换成低压 15 V，测量步骤如下：

1）打开示波器，调节辉度旋钮和聚焦旋钮，使荧光屏上显示一条辉度适中、聚焦良好的水平亮线。

2）校准好示波器，将耦合方式置于 AC 挡。

3）将示波器探头及接地夹分别与 AC 15 V 电源两端连接。

4）调节垂直位置旋钮和水平位置旋钮，观察荧光屏上是否出现稳定的波形。

5）读数

被测信号的峰峰值=波形正峰到负峰的垂直距离 H（格）×垂直旋钮所示值。

被测信号的周期=波形一个周期的水平距离 A（格）×水平旋钮所示值。

四、任务实施

1. 组建小组

任务实施以小组为单位，将班级学生分为 8 个小组，每小组 4 人。每个小组中，1 人为小组长，负责组织小组成员制订工作计划、实施工作计划、汇总小组成果等，并指派专人负责领取和分发材料。

2. 制订工作计划

根据任务要求，制订合理的工作计划，根据小组成员的特点进行分工，并填写表3—1—1。

表 3—1—1 工作计划

序号	工作内容	时间	负责人
1			
2			
3			
4			
5			
6			
7			
8			

3. 准备材料

将表3—1—2填写完整，向仓库管理员提供该领用材料清单，并领用材料。

表3—1—2　　　　　　　　　　　领用材料清单

序号	名称	规格	数量	备注
1				
2				
3				
4				
5				
6				
7				
8				
9				
10				
11				
12				
13				
14				
15				
16				

4. 按照原理图焊接电路板。

5. 接线并通电测试，如有故障，应及时解决，并填写表3—1—3。

表3—1—3　　　　　　　　　　　故障分析及处理

故障现象	故障原因	处理方法

6. 使用示波器观察整流输出波形，并画出 u_2、u_g、u_d 波形图。

7. 清理现场、归置物品

按照现场管理规范清理现场、归置物品。

五、任务评价

按照表 3—1—4 的评价内容及标准进行自我评价、学生互评和教师评价。

表 3—1—4 任务评价

评价内容及标准		配分	评分		
			自我评价	学生互评	教师评价
准备材料	元器件漏检或错检，每只扣 1 分	10			
	元器件功能不可靠，每只扣 2 分				
电路板焊接	元器件布置不合理，扣 5 分	40			
	元器件焊接不牢固，每只扣 4 分				
	漏焊或错焊，每处扣 3 分				
	元器件损坏，每只扣 15 分				
	有短路现象，扣 20 分				
	焊点粗糙、拉尖，或有焊接残渣，每处扣 2 分				
	引线过长，或焊剂未擦干净，扣 5 分				
	焊接时损坏元器件，每只扣 5 分				
通电测试	通电测试不成功，每次扣 5 分	30			
	通电测试过程中损坏元器件，每只扣 5 分				
	相关参数不符合要求，每个扣 2 分				

评价内容及标准		配分	评分		
			自我评价	学生互评	教师评价
安全文明生产	不遵守安全文明生产规程，扣5~10分	10			
	施工完成后不认真清理现场，扣5~10分				
施工用时	实际用时每超额定用时5min，扣2分	10			
总分		100			

任务2　三相桥式全控整流电阻性负载电路安装与调试

一、任务描述

本任务主要进行三相桥式全控整流电阻性负载电路的安装与调试，通过本任务，使学生了解三相桥式全控整流的作用和工作原理，掌握电子线路焊接技术，能处理常见故障。

二、任务要求

1. 正确识读电路图，明确各元器件的作用。

2. 正确地使用示波器。

3. 依据电路图，手工焊接完成三相桥式全控整流电阻性负载电路的安装与调试。

4. 绘制三相桥式全控整流的波形图。

5. 额定用时 1 h。

三、任务准备

1. 三相桥式全控整流电阻性负载电路

图 3—2—1 所示为三相桥式全控整流电阻性负载电路，它由三相半波晶闸管共阴极接线和三相半波晶闸管共阳极接线组成。为使 6 只晶闸管按 VT6VT1、VT1VT2、VT2VT3、VT3VT4、VT4VT5、VT5VT6 的顺序触发导通，晶闸管 VT1 和 VT4 接 U 相，VT3 和 VT6 接 V 相，VT5 和 VT2 接 W 相。VT1、VT3、VT5 组成共阴极电路，VT2、VT4、VT6 组成共阳极电路。

图 3—2—2 为三相桥式全控整流电阻性负载电路在触发延时角 $\alpha = 0°$ 时的输出电压波形和触发脉冲顺序。触发延时角 $\alpha = 0°$，表示共阴极组和共阳极组的每个晶闸管在各自自

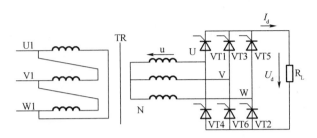

图 3—2—1　三相桥式全控整流电阻性负载电路

然换相点触发换相。在 $\alpha = 0°$ 的情况下，对共阴极组晶闸管而言，只有阳极电位最高一相的晶闸管在有触发脉冲时才能导通；对共阳极组晶闸管而言，只有阴极电位最低一相的晶闸管在有触发脉冲时才能导通。

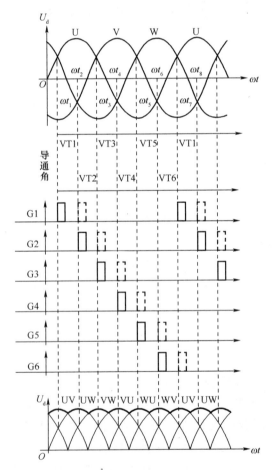

图 3—2—2　触发延时角 $\alpha = 0°$ 时的输出电压波形和触发脉冲顺序

分析三相桥式全控整流电阻性负载电路时，根据晶闸管的换相情况，把一个交流电周期分成六个相等的时间（$\omega t_1 \sim \omega t_2$、$\omega t_2 \sim \omega t_3$、$\omega t_3 \sim \omega t_4$、$\omega t_4 \sim \omega t_5$、$\omega t_5 \sim \omega t_6$、$\omega t_6 \sim \omega t_7$）来

讨论。

当触发延时角 $\alpha = 0°$ 时，电路的工作过程如下：

在 $\omega t_1 \sim \omega t_2$ 期间，U 相电压最高，V 相电压最低，若在 VT1、VT6 上加上触发脉冲，则 VT1、VT6 同时导通，电流的流向为 U 相→VT1→R_L→VT6→V 相，负载 R_L 上得到 U 相、V 相的线电压。

在 $\omega t_2 \sim \omega t_3$ 期间，U 相电压仍保持最高，所以 VT1 继续导通。由于此时 W 相电压较 V 相电压更低，故触发 VT2，VT2 导通，使 VT6 承受反向电压而断开，电流从 VT6 换到 VT2。电流的流向为 U 相→VT1→R_L→VT2→W 相，负载 R_L 上得到 U 相、W 相的线电压。

在 $\omega t_3 \sim \omega t_4$ 期间，W 相电压仍为最低，所以 VT2 继续导通。由于此时 V 相电压比 U 相电压高，此时触发 VT3，VT3 导通，迫使 VT1 承受反向电压而断开，电流从 VT1 换到 VT3。电流的流向为 V 相→VT3→R_L→VT2→W 相，负载 R_L 上得到 V 相、W 相的线电压。

依此类推，可得到：在 $\omega t_4 \sim \omega t_5$ 期间，VT3、VT4 导通；在 $\omega t_5 \sim \omega t_6$ 期间，VT4、VT5 导通；在 $\omega t_6 \sim \omega t_7$ 期间，VT5、VT6 导通。

电路在 ωt_7 以后的工作情况将重复上述过程。

当触发延时角 $\alpha > 0°$ 时，每个晶闸管的换向都不在自然换相点时进行，而是从各自然换相点向后移一个角度 α 开始，故整流输出电压 U_d 的波形与触发角 $\alpha = 0°$ 时输出电压 U_d 的波形不同。当改变 α 时，输出电压波形随之发生变化，其平均值的大小因此跟着改变，从而达到全控整流的目的。

2. 三相移相晶闸管触发板

三相移相晶闸管触发板 TSCR—B 如图 3—2—3 所示，其主要作用是给晶闸管提供触发信号，让其导通。

图 3—2—3　三相移相晶闸管触发板 TSCR—B

三相桥式全控整流电阻性负载电路对触发脉冲的要求如下：

（1）三相桥式全控整流电阻性负载电路在任何时刻，共阴极组和共阳极组中必须各有一个晶闸管同时被触发导通，这样才能形成电流通路。

（2）共阴极组晶闸管和共阳极组晶闸管的组内换相间隔为 120°，即每组中各晶闸管的触发脉冲之间相位差为 120°。

（3）接在同一相上的两个晶闸管的触发脉冲的相位差为 180°。

三相桥式全控整流可控硅触发板接线图如图 3—2—4 所示，三相零式整流电路可控硅触发板接线图如图 3—2—5 所示。

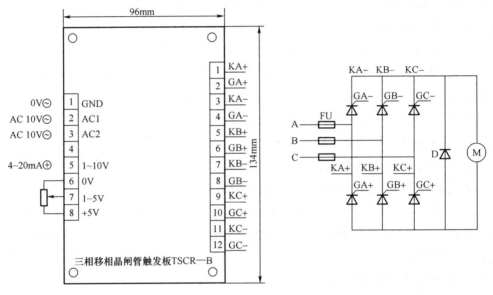

图 3—2—4　三相桥式全控整流可控硅触发板接线图

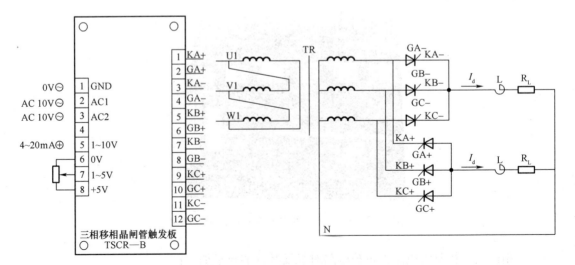

图 3—2—5　三相零式整流电路可控硅触发板接线图

四、任务实施

1. 组建小组

任务实施以小组为单位，将班级学生分为 8 个小组，每小组 4 人。每个小组中，1 人为小组长，负责组织小组成员制订工作计划、实施工作计划、汇总小组成果等，并指派专人负责领取和分发材料。

2. 制订工作计划

根据任务要求，制订合理的工作计划，根据小组成员的特点进行分工，并填写表3—2—1。

表 3—2—1　　　　　　　　　工作计划

序号	工作内容	时间	负责人
1			
2			
3			
4			
5			
6			
7			
8			

3. 准备材料

将表 3—2—2 填写完整，向仓库管理员提供该领用材料清单，并领用材料。

表 3—2—2   领用材料清单

序号	名称	规格	数量	备注
1				
2				
3				
4				
5				
6				
7				
8				
9				
10				
11				
12				
13				
14				
15				
16				

4. 按照原理图进行焊接。

5. 接线并通电测试，如有故障，应及时解决，并填写表 3—2—3。

表 3—2—3   故障分析及处理

故障现象	故障原因	处理方法

6. 使用示波器观察整流输出波形，并画出波形图。

7. 清理现场、归置物品

按照现场管理规范清理现场、归置物品。

五、任务评价

按照表3—2—4的评价内容及标准进行自我评价、学生互评和教师评价。

表3—2—4　　　　　　　　　　　　　任务评价

评价内容及标准		配分	评分		
			自我评价	学生互评	教师评价
准备材料	元器件漏检或错检，每只扣1分	10			
	元器件功能不可靠，每只扣2分				
电路板焊接	元器件布置不合理，扣5分	40			
	元器件焊接不牢固，每只扣4分				
	漏焊或错焊，每处扣3分				
	元器件损坏，每只扣15分				
	有短路现象，扣20分				
	焊点粗糙、拉尖，或有焊接残渣，每处扣2分				
	引线过长，或焊剂未擦干净，扣5分				
	焊接时损坏元器件，每只扣5分				
通电测试	通电测试不成功，每次扣5分	30			
	通电测试过程中损坏元器件，每只扣5分				
	相关参数不符合要求，每个扣2分				
安全文明生产	不遵守安全文明生产规程，扣5~10分	10			
	施工完成后不认真清理现场，扣5~10分				
施工用时	实际用时每超额定用时5min，扣2分	10			
总分		100			

任务3　锯齿波发生器电路安装与调试

一、任务描述

本任务主要进行锯齿波发生器电路的安装与调试，通过本任务，使学生了解集成电路的工作原理和应用，熟悉锯齿波发生器电路的原理，掌握电子线路焊接技术，能处理常见故障。

二、任务要求

锯齿波发生器电路图如图 3—3—1 所示。

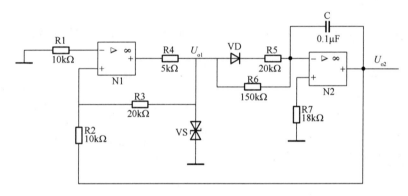

图 3—3—1　锯齿波发生器电路图

1. 焊接前先检查元器件是否安全有效，核对元器件的数量和规格。

2. 在规定时间内，按图样要求正确、熟练地安装电路，连接仪器仪表，并进行调试。

3. 正确地使用工具和仪表。

4. 焊接质量应可靠，焊接技术应符合工艺要求。

5. 断开两级运算放大器之间的连线，在运算放大器 N1 的输入端（R2 前）输入频率为 50 Hz、峰值为 6 V 的三角波，用示波器测量并记录其输出波形 U_{o1}。

6. 接好二级运算放大器之间的连接线，用示波器观察输出电压 U_{o1} 及 U_{o2} 的波形，画出波形图。

7. 额定用时 1 h。

三、任务准备

1. 集成电路的工作原理

以集成电路 UA747 为例，集成电路 UA747 为双运算放大器，可以对两路信号进行运算放大，双列 14 脚封装，其特点为：无须外部频率补偿，具有短路保护功能，有很宽的差模和共模输入电压范围，功耗低，使用中不会出现阻塞现象，可用作积分器、求和放大器及普通反馈放大器。

集成电路 UA747 的引脚如图 3—3—2 所示，引脚 1、2、12、13 分别是通道 1 的反相输入、同相输入、输出端、电源正极，引脚 3 和引脚 14 是通道 1 的失调电压调节，引脚 7、6、10、9 分别是通道 2 的反相输入、同相输入、输出端、电源正极，引脚 5 和引脚 8 是通道 2 的失调电压调节，引脚 4 是公共地，引脚 11 是空脚（内部无任何连接）。

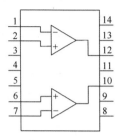

图 3—3—2 集成电路 UA747 的引脚

集成电路 UA747 是通用型放大器，用途广泛，将其接入适当的反馈网络，可用作精密的交流和直流放大器、有源滤波器、振荡器及电压比较器。

2. 锯齿波发生器电路的原理

三角波信号的特征是波形上升和下降的斜率相同，当波形上升和下降的斜率不同时，三角波就转化成锯齿波。

锯齿波发生器电路采用将矩形波转变成三角波的波形转换方法，电路中包含一个占空比调节电路。利用二极管的单向导电性可使积分电路两个方向的积分通路不同，使两个通路的积分电流相差悬殊，从而得到锯齿波。

四、任务实施

1. 组建小组

任务实施以小组为单位，将班级学生分为 8 个小组，每小组 4 人。每个小组中，1 人为小组长，负责组织小组成员制订工作计划、实施工作计划、汇总小组成果等，并指派专人负责领取和分发材料。

2. 制订工作计划

根据任务要求，制订合理的工作计划，根据小组成员的特点进行分工，并填写表3—3—1。

表 3—3—1　　　　　　　　　　　工作计划

序号	工作内容	时间	负责人
1			
2			

序号	工作内容	时间	负责人
3			
4			
5			
6			
7			
8			

3. 准备材料

将表3—3—2填写完整，向仓库管理员提供该领用材料清单，并领用材料。

表3—3—2　　　　　　　　　　领用材料清单

序号	名称	规格	数量	备注
1				
2				
3				
4				
5				
6				
7				
8				
9				
10				
11				
12				
13				
14				
15				
16				

4. 按照原理图进行焊接。

5. 接线并通电测试，如有故障，应及时解决，并填写表 3—3—3。

表 3—3—3　　　　　　　　　　　　　　故障分析及处理

故障现象	故障原因	处理方法

6. 使用示波器观察整流输出波形，并画出波形图。

7. 清理现场、归置物品

按照现场管理规范清理现场、归置物品。

五、任务评价

按照表 3—3—4 的评价内容及标准进行自我评价、学生互评和教师评价。

表 3—3—4　　　　　　　　　　　　任务评价

评价内容及标准		配分	评分		
			自我评价	学生互评	教师评价
准备材料	元器件漏检或错检，每只扣 1 分	10			
	元器件功能不可靠，每只扣 2 分				
电路板焊接	元器件布置不合理，扣 5 分	40			
	元器件焊接不牢固，每只扣 4 分				
	漏焊或错焊，每处扣 3 分				
	元器件损坏，每只扣 15 分				
	有短路现象，扣 20 分				
	焊点粗糙、拉尖，或有焊接残渣，每处扣 2 分				
	引线过长，或焊剂未擦干净，扣 5 分				
	焊接时损坏元器件，每只扣 5 分				
通电测试	通电测试不成功，每次扣 5 分	30			
	通电测试过程中损坏元器件，每只扣 5 分				
	相关参数不符合要求，每个扣 2 分				
安全文明生产	不遵守安全文明生产规程，扣 5~10 分	10			
	施工完成后不认真清理现场，扣 5~10 分				
施工用时	实际用时每超额定用时 5 min，扣 2 分	10			
总分		100			

任务 4　路灯自动控制电路安装与调试

一、任务描述

本任务主要进行路灯自动控制电路的安装与调试，通过本任务，使学生熟悉 555 定时器的工作原理和应用，掌握电子线路焊接技术，能测试相关参数并处理常见故障。

二、任务要求

路灯自动控制电路图如图 3—4—1 所示。

1. 识读图 3—4—1，明确各元器件的作用。

2. 正确地选用仪器仪表。

3. 依据路灯自动控制电路图，按手工焊接技术的有关要求完成路灯自动控制电路的安装与调试。

4. 检测路灯自动控制电路并试运行，直至符合技术要求。

5. 额定用时 1 h。

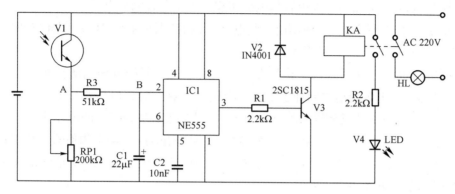

图 3—4—1 路灯自动控制电路图

三、任务准备

1. 555 定时器的工作原理

555 定时器电路图如图 3—4—2 所示，它的各个引脚功能如下。

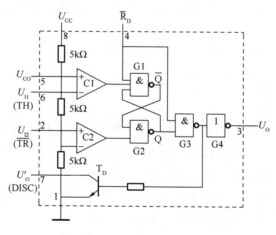

图 3—4—2 555 定时器电路图

引脚 1：外接电源负端或接地，一般情况下接地。

引脚 2：低触发端 $\overline{TR}$。

引脚 3：输出端 U_o。

引脚 4：直接清零端。若此端接低电平，时基电路不工作，此时不论 $\overline{TR}$、TH 处于何电平，时基电路输出为 0，该端不用时应接高电平。

引脚 5：U_{CO} 为控制电压端。若该端外接电压，则可改变内部两个比较器的基准电压，当该端不用时，应将该端串入一只 0.01 μF 的电容接地，以防引入干扰。

引脚 6：高触发端 TH。

引脚 7：放电端。该端与放电管集电极相连，用于电容的放电。

引脚 8：外接电源 U_{CC}。双极型时，基电路 U_{CC} 的范围是 4.5~16 V，CMOS 型时，基电路 U_{CC} 的范围为 3~18 V，一般用 5 V。

555 定时器的功能主要由两个比较器决定，两个比较器的输出电压控制 RS 触发器和放电管的状态。在电源与地之间加上电压，当引脚 5 悬空时，电压比较器 C1 的同相输入端电压为 $2U_{CC}/3$，C2 的反相输入端电压为 U_{CC}。若触发输入端 $\overline{TR}$ 的电压小于 $U_{CC}/3$，则电压比较器 C2 的输出为 0，可使 RS 触发器置 1，使输出为 1。如果阈值输入端 TH 的电压大于 $2U_{CC}/3$，同时输入端 $\overline{TR}$ 的电压大于 $U_{CC}/3$，则 C1 的输出为 0，C2 的输出为 1，可使 RS 触发器置 0，输出为 0。

在引脚 1 接地、引脚 5 未外接电压，两个比较器 C1、C2 基准电压分别为低电平的情况下，555 时基集成电路的功能见表 3—4—1。

表 3—4—1 555 时基集成电路的功能

清零端	高触发端 TH	低触发端 $\overline{TR}$	v_o	放电管 T	功能
0	×	×	0	导通	直接清零
1	0	1	×	保持上一状态	保持上一状态
1	1	0	1	截止	置 1
1	0	0	1	截止	置 1
1	1	1	0	导通	清零

2. 555 定时器的应用

555 定时器是一种多用途的数字、模拟混合集成电路，利用它能极方便地构成施密特触发器、单稳态触发器和多谐振荡器。由于它使用灵活、方便，所以在波形的产生与交换、测量与控制等方面得到了广泛应用。其主要作用有：

（1）构成施密特触发器，用于 TTL 系统的接口，用于整形电路或脉冲鉴幅等。

（2）构成多谐振荡器，组成信号产生电路。

（3）构成单稳态触发器，用于定时整形、延时整形及一些定时开关中。

采用上述 3 种方式中的 1 种或多种组合起来，可以组成各种实用的电子电路，如定时器、分频器、脉冲信号发生器、元件参数和电路检测电路、玩具游戏机电路、电源交换电路、频率变换电路、自动控制电路等。

四、任务实施

1. 组建小组

任务实施以小组为单位，将班级学生分为 8 个小组，每小组 4 人。每个小组中，1 人为小组长，负责组织小组成员制订工作计划、实施工作计划、汇总小组成果等，并指派专人负责领取和分发材料。

2. 制订工作计划

根据任务要求，制订合理的工作计划，根据小组成员的特点进行分工，并填写表3—4—2。

表 3—4—2 工作计划

序号	工作内容	时间	负责人
1			
2			
3			
4			
5			
6			
7			
8			

3. 准备材料

将表 3—4—3 填写完整，向仓库管理员提供该领用材料清单，并领用材料。

表 3—4—3　　　　　　　　　　　　　　领用材料清单

序号	名称	规格	数量	备注
1				
2				
3				
4				
5				
6				
7				
8				
9				
10				
11				
12				
13				
14				
15				
16				

4. 按照原理图进行焊接。

5. 接线并通电测试，如有故障，应及时解决，并填写表 3—4—4。

表 3—4—4　　　　　　　　　　　　　　故障分析及处理

故障现象	故障原因	处理方法

6. 使用示波器观察整流输出波形，并画出波形图。

7. 清理现场、归置物品

按照现场管理规范清理现场、归置物品。

五、任务评价

按照表 3—4—5 的评价内容及标准进行自我评价、学生互评和教师评价。

表 3—4—5　　　　　　　　　　　　任务评价

评价内容及标准		配分	评分		
			自我评价	学生互评	教师评价
准备材料	元器件漏检或错检，每只扣 1 分	10			
	元器件功能不可靠，每只扣 2 分				
电路板焊接	元器件布置不合理，扣 5 分	40			
	元器件焊接不牢固，每只扣 4 分				
	漏焊或错焊，每处扣 3 分				
	元器件损坏，每只扣 15 分				
	有短路现象，扣 20 分				
	焊点粗糙、拉尖，或有焊接残渣，每处扣 2 分				
	引线过长，或焊剂未擦干净，扣 5 分				
	焊接时损坏元器件，每只扣 5 分				
通电测试	通电测试不成功，每次扣 5 分	30			
	通电测试过程中损坏元器件，每只扣 5 分				
	相关参数不符合要求，每个扣 2 分				
安全文明生产	不遵守安全文明生产规程，扣 5~10 分	10			
	施工完成后不认真清理现场，扣 5~10 分				
施工用时	实际用时每超额定用时 5 min，扣 2 分	10			
总分		100			

任务5 门铃电路安装与调试

一、任务描述

本任务主要进行门铃电路的安装与调试，通过本任务，使学生掌握三极管的工作原理和功能，能判断三极管的基极和类型，能测试相关参数并处理常见故障。

二、任务要求

门铃电路图如图3—5—1所示。

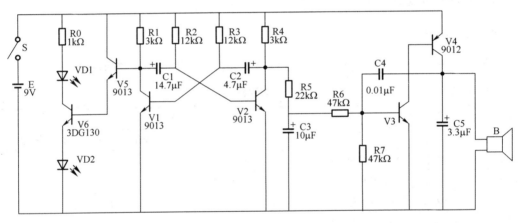

图3—5—1　门铃电路图

1. 识读图3—5—1，明确各元器件的作用。

2. 正确地选用仪器仪表。

3. 依据门铃电路图，按手工焊接技术的有关要求完成门铃电路的安装与调试。

4. 检测门铃电路并试运行，直至符合技术要求。

5. 额定用时1 h。

三、任务准备

1. 三极管的工作原理

三极管按制作材料可分为两种：锗管和硅管。这两种都有NPN和PNP两种结构形式，其中，使用最多的是NPN硅管和PNP硅管，两者电源极性不同，但工作原理相同。

NPN硅管的电流放大原理：NPN硅管由2块N型半导体中间夹着一块P型半导体组成，发射区与基区之间形成的PN结称为发射结，而集电区与基区形成的PN结称为集电结，三条引线分别称为发射极 e、基极 b 和集电极 c。当 b 点电位高于 e 点电位零点几伏时，发射结处于正偏状态，当 c 点电位高于 b 点电位几伏时，集电结处于反偏状态，集电极电源电压 E_c 高于基极电源电压 E_b。

在制造三极管时，使发射区的多数载流子（电子）浓度大于基区的多数载流子（空穴），同时基区做得极薄，而且杂质含量极低，这样，一旦接通电源，由于发射结正偏，发射区的多数载流子及基区的多数载流子很容易越过发射结互相向对方扩散，但因前者的浓度大于后者，所以通过发射结的电流基本上是电子流，这股电子流称为发射极电流 I_e。

由于基区很薄，加上集电结反偏，注入基区的电子大部分越过集电结进入集电区而形成集电极电流 I_c，只剩下很少的电子在基区的空穴进行复合，被复合掉的基区空穴由基极电源重新补给，从而形成了基极电流 I_b。根据电流连续性原理得：

$$I_e = I_b + I_c$$

这就是说，在基极补充一个很小的 I_b，就可以在集电极上得到一个较大的 I_c，此即电流放大作用。I_c 与 I_b 维持一定的比例关系，即直流电流放大倍数 β_1 为：

$$\beta_1 = I_c / I_b$$

交流电流放大倍数 β 为集电极电流的变化量 ΔI_c 与基极电流的变化量 ΔI_b 之比，即：

$$\beta = \delta I_c / \Delta I_b$$

由于低频时 β_1 和 β 的数值相差不大，所以有时为了方便，不对二者做严格的区分。

2. 三极管的功能

（1）放大作用

三极管可以把微弱的电信号变成一定强度的信号。三极管的重要参数之一是电流放大倍数 β，当三极管的基极上加一个微小的电流时，在集电极上得到的集电极电流是输入电流的 β 倍。集电极电流随基极电流的变化而变化，基极电流很小的变化可以引起集电极电流很大的变化，这就是三极管的放大作用。

（2）开关作用

可以用三极管来配合或者控制其他元器件的工作状态或构成振荡器。

（3）做成可独立使用的两端或三端器件

1）扩流。把一只小功率晶闸管和一只大功率三极管组合，可得到一只大功率晶闸管，其最大输出电流由大功率三极管的特性决定。

2）代换。两只三极管串联可直接代换调光台灯中的双向触发二极管，三极管可代换 8 V 或者 30 V 左右的稳压管（三极管的基极不使用）。

3）模拟。用三极管构成的电路还可以模拟其他元器件。大功率可变电阻价贵难觅，通过调节三极管 c、e 两极之间的阻抗，可模拟代替大功率可变电阻。设计合适的电路，可用三极管模拟稳压管。

3. 判断三极管的基极和类型

先假设三极管的某极为基极，将万用表黑表笔接在假设的基极上，再将红表笔依次接到其余两个电极上，若两次测得的电阻都大或者都小，则对换表笔重复上述测量，若测得两个阻值相反，则可确定假设的基极是正确的，否则另假设一极为基极，重复上述测试，直至确定基极。

当基极确定后，将黑表笔接基极，红表笔接其他两极，若测得的电阻值都很小，则该三极管为 NPN 型，反之为 PNP 型。

以 NPN 型为例，判断集电极 c 和发射极 e 的方法：把黑表笔接至假设的集电极 c 上，红表笔接至假设的发射极 e 上，并用手捏住 b 极和 c 极，读出表头所示 c、e 电阻值，然后将红、黑表笔反接重测。若第一次测得的电阻比第二次小，说明原假设成立。

四、任务实施

1. 组建小组

任务实施以小组为单位，将班级学生分为 8 个小组，每小组 4 人。每个小组中，1 人为小组长，负责组织小组成员制订工作计划、实施工作计划、汇总小组成果等，并指派专人负责领取和分发材料。

2. 制订工作计划

根据任务要求，制订合理的工作计划，根据小组成员的特点进行分工，并填写表3—5—1。

表 3—5—1 工作计划

序号	工作内容	时间	负责人
1			
2			
3			
4			
5			
6			
7			
8			

3. 准备材料

将表3—5—2填写完整，向仓库管理员提供该领用材料清单，并领用材料。

表3—5—2　　　　　　　　　　领用材料清单

序号	名称	规格	数量	备注
1				
2				
3				
4				
5				
6				
7				
8				
9				
10				
11				
12				
13				
14				
15				
16				

4. 按照原理图进行焊接。

5. 接线并通电测试，如有故障，应及时解决，并填写表3—5—3。

表3—5—3　　　　　　　　　　故障分析及处理

故障现象	故障原因	处理方法

6. 使用示波器观察整流输出波形，并画出波形图。

7. 清理现场、归置物品

按照现场管理规范清理现场、归置物品。

五、任务评价

按照表 3—5—4 的评价内容及标准进行自我评价、学生互评和教师评价。

表 3—5—4　　　　　　　　　　任务评价

评价内容及标准		配分	评分		
			自我评价	学生互评	教师评价
准备材料	元器件漏检或错检，每只扣 1 分	10			
	元器件功能不可靠，每只扣 2 分				
电路板焊接	元器件布置不合理，扣 5 分	40			
	元器件焊接不牢固，每只扣 4 分				
	漏焊或错焊，每处扣 3 分				
	元器件损坏，每只扣 15 分				
	有短路现象，扣 20 分				
	焊点粗糙、拉尖，或有焊接残渣，每处扣 2 分				
	引线过长，或焊剂未擦干净，扣 5 分				
	焊接时损坏元器件，每只扣 5 分				
通电测试	通电测试不成功，每次扣 5 分	30			
	通电测试过程中损坏元器件，每只扣 5 分				
	相关参数不符合要求，每个扣 2 分				
安全文明生产	不遵守安全文明生产规程，扣 5~10 分	10			
	施工完成后不认真清理现场，扣 5~10 分				
施工用时	实际用时每超额定用时 5 min，扣 2 分	10			
总分		100			

任务6 函数信号发生器电路安装与调试

一、任务描述

本任务主要进行三角波—方波—正弦波函数信号发生器电路的安装与调试，通过本任务，使学生了解三角波—方波—正弦波函数信号发生器的工作原理与作用，掌握电子线路焊接技术，能测试相关参数并处理常见故障。

二、任务要求

三角波—方波—正弦波函数信号发生器电路图如图3—6—1所示。

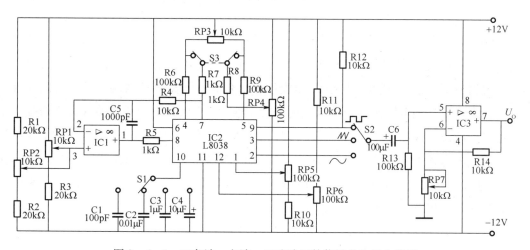

图3—6—1 三角波—方波—正弦波函数信号发生器电路图

1. 识读图3—6—1，明确各元器件的作用。

2. 正确地选用仪器仪表。

3. 依据三角波—方波—正弦波函数信号发生器电路图，按手工焊接技术的有关要求完成该电路的安装与调试。

4. 检测三角波—方波—正弦波函数信号发生器电路并试运行，直至符合技术要求。

5. 额定用时1 h。

三、任务准备

1. ICL8038 集成电路

ICL8038 集成电路的波形发生器是一个用很少的外部元器件就能产生高精度正弦波、

方波、三角波、锯齿波和脉冲波形的单片集成电路。频率的选定可以从 0.001 Hz 到 300 kHz，通过选用电阻器或电容器进行调节，调频及扫描可以由同一个外部电压完成。ICL8038 集成电路的引脚功能如图 3—6—2 所示。

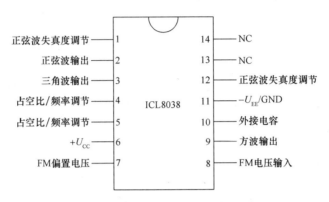

图 3—6—2　ICL8038 集成电路的引脚功能

ICL8038 集成电路的电路图如图 3—6—3 所示，振荡电容 C 由外部接入，由两个恒流源对电容 C 进行充电和放电，恒流源 I_1 始终打开，恒流源 I_2 的工作状态由触发器控制。假设触发器使恒流源 I_2 关闭，电容 C 由恒流源 I_1 充电，电容器 C 两端电压随时间线性上升，当这个电压达到电压比较器 A 输入电压规定值的 2/3 时，电压比较器 A 状态改变，使触发器改变状态，模拟开关合上。恒流源 I_2 的工作电流值为 $2I_1$，是恒流源 I_1 的工作电流 I_1 的两倍，电容处于放电状态，电容两端电压随时间线性下降，当这个电压下降到电压比较器 B 的输入电压规定值的 1/3 时，电压比较器 B 状态改变，使触发器又回到原来的状态，并且重新开始下一个循环。

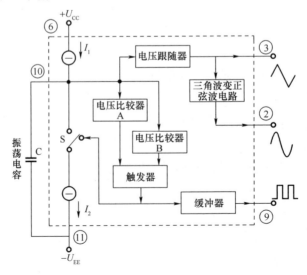

图 3—6—3　ICL8038 集成电路的电路图

在基于 ICL8038 集成电路构成的函数发生器电路中，很容易获得 4 种函数信号。假如电容器充电过程和放电过程的时间常数相等，则在充放电时，电容电压为三角波函数，三角波信号由此获得。由于触发器的工作状态变化时间也是由电容的充放电过程决定的，所以触发器的状态翻转就能产生方波函数信号，这两种函数信号经缓冲器功率放大，从引脚 3 和 9 输出。

适当地选择外部电阻和电容，可以满足方波函数等信号频率、占空比调节的全部范围，因此，在两个恒流源的电流 I_1 和 $2I_1$ 不对称的情况下，可以循环调节，从最小到最大任意选择调整，只要调节电容器充放电时间不相等，就可获得锯齿波等函数信号。

正弦波函数信号由三角波函数信号经过非线性变换获得。利用二极管的非线性特性，可以将三角波信号的上升或下降斜率逐次逼近正弦波的斜率。

2. ICL8038 集成电路典型应用

ICL8038 集成电路的典型应用如图 3—6—4 所示。

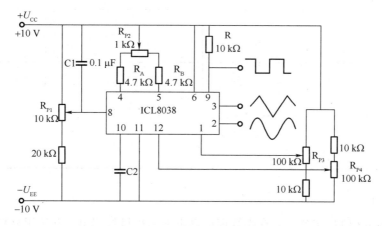

图 3—6—4　ICL8038 集成电路的典型应用

四、任务实施

1. 组建小组

任务实施以小组为单位，将班级学生分为 8 个小组，每小组 4 人。每个小组中，1 人为小组长，负责组织小组成员制订工作计划、实施工作计划、汇总小组成果等，并指派专人负责领取和分发材料。

2. 制订工作计划

根据任务要求，制订合理的工作计划，根据小组成员的特点进行分工，并填写表3—6—1。

表 3—6—1　　　　　　　　　　　　　　　工作计划

序号	工作内容	时间	负责人
1			
2			
3			
4			
5			
6			
7			
8			

3. 准备材料

将表 3—6—2 填写完整，向仓库管理员提供该领用材料清单，并领用材料。

表 3—6—2　　　　　　　　　　　　　　　领用材料清单

序号	名称	规格	数量	备注
1				
2				
3				
4				
5				
6				
7				
8				

序号	名称	规格	数量	备注
9				
10				
11				
12				
13				
14				
15				
16				

4. 按照原理图进行焊接。

5. 接线并通电测试，如有故障，应及时解决，并填写表 3—6—3。

表 3—6—3　　　　　　　故障分析及处理

故障现象	故障原因	处理方法

6. 使用示波器观察整流输出波形，并画出波形图。

7. 清理现场、归置物品

按照现场管理规范清理现场、归置物品。

五、任务评价

按照表 3—6—4 的评价内容及标准进行自我评价、学生互评和教师评价。

表 3—6—4　　　　　　　　　　任务评价

评价内容及标准		配分	评分		
			自我评价	学生互评	教师评价
准备材料	元器件漏检或错检，每只扣 1 分	10			
	元器件功能不可靠，每只扣 2 分				
电路板焊接	元器件布置不合理，扣 5 分	40			
	元器件焊接不牢固，每只扣 4 分				
	漏焊或错焊，每处扣 3 分				
	元器件损坏，每只扣 15 分				
	有短路现象，扣 20 分				
	焊点粗糙、拉尖，或有焊接残渣，每处扣 2 分				
	引线过长，或焊剂未擦干净，扣 5 分				
	焊接时损坏元器件，每只扣 5 分				
通电测试	通电测试不成功，每次扣 5 分	30			
	通电测试过程中损坏元器件，每只扣 5 分				
	相关参数不符合要求，每个扣 2 分				
安全文明生产	不遵守安全文明生产规程，扣 5~10 分	10			
	施工完成后不认真清理现场，扣 5~10 分				
施工用时	实际用时每超额定用时 5 min，扣 2 分	10			
总分		100			

模块四　常用机床电气线路

任务 1　CA6140 型车床电气线路分析和检修

一、任务描述

本任务要求排除 CA6140 型车床电气线路故障，通过本任务，使学生理解 CA6140 型车床的特点、应用及电气工作原理，掌握主电路、控制电路的故障排除方法，能处理常见故障。

二、任务要求

1. 检查 CA6140 型车床的控制电路。

2. 分析 CA6140 型车床信号灯、指示灯和断电保护电路的典型故障。

3. 分析 CA6140 型车床主轴电动机、冷却泵电动机、刀架快速移动控制电路的典型故障。

4. 按照机床电气检修的一般步骤，排除电路的故障。

5. 额定用时 1 h。

三、任务准备

1. 机床电气线路的故障处理

机床电气线路故障种类繁多：同一故障症状可对应多种引起故障的原因；同一原因又可能有多种故障表现形式。及时、熟练、准确、迅速、安全地检修机床电气线路故障，保持机床的正常运行是电气维修人员的职责。机床电气线路不论简单还是复杂，其故障检修过程都有一定的规律和方法可循。

（1）检修要求

1）采取的检修步骤和方法应正确且切实可行。

2）不得损坏完好的元器件。

3）不得随意更换元器件及连接导线的型号规格。

4）不得擅自改动线路。

5）损坏的电气装置应尽量修复，且不应降低其固有的性能。

6）电气设备的各种保护性能必须满足使用要求。

7）修理后的元器件必须满足其质量标准要求。

8）电气绝缘合格。

9）通电试车时，能满足电路的各种功能，控制环节的动作程序应符合要求。

（2）检修方法

电气线路故障的类型大致可分两大类：一类是有明显外表特征并容易被发现的，如电动机显著发热、冒烟甚至产生焦臭味或火花等；另一类是没有外表特征的，此类故障常发生在控制电路中，通常由于元器件调整不当、机械动作失灵、触头及压接线端子接触不良或脱落、小零件损坏或导线断裂等原因引起。可采用的检测方法如下：

1）初步检查。在检修前，通过看、听、摸、闻了解故障发生前后的操作情况和故障发生后出现的异常现象，判断显而易见的故障，或根据故障现象判断出故障发生的原因及部位，进而准确地排除故障。注意：在进行外观检查时，应在断电的情况下进行。

2）用仪器仪表检测

①断电检测法。断电检测法是用万用表的电阻挡进行检测，也叫电阻法。电阻法即在切断电路电源后，用仪表测量两点之间的电阻值，通过电阻值的对比检测电路故障。

采用电阻法查找故障的优点是安全，缺点是测量电阻值不准确时易产生误判断。如被测电路与其他电路并联时，应将该电路与并联电路断开，否则会产生误判断。测量高电阻值的元器件时，万用表的选择开关应旋至合适的电阻挡。

②通电检测法。通电检测法又称为电压法。电压法即在机床电气线路带电情况下，测量各节点之间的电压值，将其与机床正常工作时的电压值进行比较，以此来判断故障点及故障元器件。此方法提高了故障识别的准确性，是故障检测时采用最多的方法。

③短接法。短接法即在怀疑断路的部位用一根绝缘良好的导线短接，若短接处电路接通，则表明该处存在断路故障。使用短接法时应注意：该方法是带电作业，必须注意安全，短接前应看清电路，防止短接错误而烧坏电气设备；该方法只适用于检查连接导线及触头一类的断路故障，绝对不能将导线跨接在负载（如线圈、电阻等）两端，且不能在主电路使用，以免造成人为短路和触电事故。

2. CA6140 型车床的特点及应用

CA6140 型车床是普通车床的一种，虽然它的加工范围广，但自动化程度低，仅适用于小批量生产及在修配车间使用。

3. CA6140 型车床的常见电气故障

（1）故障现象：主轴电动机 M1 不能启动。

1）故障原因：检查接触器 KM1 是否吸合，如果吸合，则故障必然发生在电源电路和主电路上。合上断路器 QF，用万用表测接触器 KM1 主触头输入端三点的两两组合之间的电压。如果电压三次都测得是 380 V，则电源电路正常。如果两次无电压，一次电压为 380 V，则 FU1 有一相熔断或连线断路，否则，故障是断路器 QF 有一相接触不良或连线断路。

排除方法：修复或更换相同规格和型号的熔断器、断路器及连接导线。

2）故障原因：断开断路器 QF，用万用表电阻 R×1 挡测量接触器输出端三点的两两组合之间的电阻值。如果阻值较小且相等，说明所测电路正常；否则依次检查热继电器 KH1、电动机 M1 以及它们之间的连线。

排除方法：修复或更换同规格、同型号的热继电器 KH1、电动机 M1 及它们之间的连线。

3）故障原因：接触器 KM1 主触头接触不良或烧坏。

排除方法：更换动、静触头或相同规格的接触器。

4）故障原因：电动机机械部分损坏。

排除方法：如果电动机内部轴承等损坏，应更换轴承；如果外部机械有问题，可配合机修钳工进行维修。

（2）故障现象：主轴电动机 M1 启动后不能自锁，当按下启动按钮 SB2 时，主轴电动机 M1 启动运转，但松开 SB2 后，M1 随之停转。

故障原因：接触器 KM1 的自锁触头接触不良或连接导线松脱。

排除方法：对接触器 KM1 的自锁触头进行修理或更换。

（3）故障现象：主轴电动机 M1 不能停转。

故障原因：接触器 KM1 的铁心极面上的污垢使上、下铁心不能释放；KM1 的主触头发生熔焊；停止按钮 SB1 击穿；线路中 5、6 两点连接导线短路。

排除方法：切断电源，清洁铁心极面的污垢；更换 KM1 的主触头；更换按钮 SB1；更换短路的导线。

（4）故障现象：刀架快速移动电动机不能启动。

故障原因：首先检查 FU2 的熔丝是否熔断，然后检查交流接触器 KM3 触头的接触是否良好，若无异常或按下按钮 SB3 时交流接触器 KM3 不吸合，则故障必定在控制线路中。然后依次检查热继电器 KH1 和 KH2 的常闭触头、点动按钮 SB3 及流接触器 KM3 的线圈是否有断路现象。

排除方法：更换损坏的元器件。

四、任务实施

1. 组建小组

任务实施以小组为单位，将班级学生分为 5 个小组，每小组 6 人。每个小组中，1 人为小组长，负责组织小组成员制订工作计划、实施工作计划、汇总小组成果等，并指派专人负责领取和分发材料。

2. 制订工作计划

根据任务要求，制订合理的工作计划，根据小组成员的特点进行分工，并填写表4—1—1。

表 4—1—1 工作计划

序号	工作内容	时间	负责人
1			
2			
3			
4			
5			
6			
7			
8			

3. 准备材料

将表 4—1—2 填写完整，向仓库管理员提供该领用材料清单，并领用材料。

表 4—1—2　　　　　　　　　　　　　　　　　领用材料清单

序号	名称	规格	数量	备注
1				
2				
3				
4				
5				
6				
7				
8				
9				
10				
11				
12				
13				
14				
15				
16				

4. 故障分析与排除

针对 CA6140 型车床的故障现象，分析故障原因，排除故障，并填写表 4—1—3。

表 4—1—3　　　　　　　　　　　　　　故障分析与排除

故障现象	故障原因	排除方法
主轴电动机启动后不能自锁		
主轴电动机不能停止		
主轴电动机运行中停车		
照明灯不亮		

5. 通电试车

接线并通电测试，如车床还有故障，应及时解决。

6. 清理场地、归置物品

按照现场管理规范清理场地、归置物品。

五、任务评价

按照表 4—1—4 的评价内容及标准进行自我评价、学生互评和教师评价。

表 4—1—4　　　　　　　　　　　任务评价

评价内容及标准		配分	评分		
			自我评价	学生互评	教师评价
材料准备	工具、量具等漏选或错选，每只扣 2 分	10			
	工具、量具等功能不可靠，每只扣 2 分				
故障分析	机床电气原理分析错误，扣 10 分	20			
	故障排除流程图绘制错误，扣 5 分				
	最小故障范围绘制错误，扣 5 分				
故障排除	断电后不验电，扣 5 分	60			
	工具及仪表使用不当，每次扣 5 分				
	不能查出故障点，每次扣 10 分				
	能查出故障点但不能排除故障，每次扣 20 分				
	故障范围扩大，扣 20 分				
安全文明生产	不遵守安全文明生产规程，扣 2~5 分	5			
	施工完成后，不认真清理现场，扣 2~5 分				
施工时间	实际用时每超额定用时 5 min，扣 1 分	5			
总分		100			

任务 2　T68 型镗床电气线路分析和检修

一、任务描述

本任务要求排除 T68 型镗床电气线路故障，通过本任务，主要使学生理解 T68 型镗床的结构、运动形式及电气工作原理，掌握主电路、控制电路的故障排除方法，能处理常见故障。

二、任务要求

T68 型镗床控制线路图如图 4—2—1 所示。

1. 分析 T68 型镗床控制线路的特点。

2. 观察 T68 型镗床控制线路板中各电子元器件的规格、型号、位置及配线方式等。

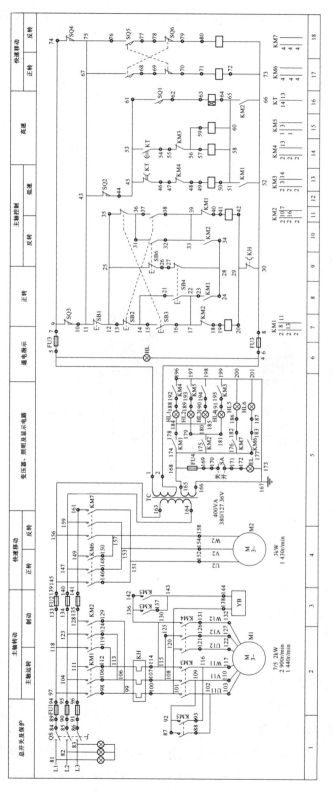

图 4—2—1 T68 型镗床控制线路图

3. 使用仪表、工具等对机床电气控制线路进行检查，并根据电气原理图分析和排除故障。

4. 额定用时 1 h。

三、任务准备

镗床是一种冷加工机床，用来镗孔、钻孔、扩孔和铰孔等，它主要用于加工精确的孔和孔向距离要求较精确的工件。T68 型镗床具有通用性和万能性。

1. T68 型镗床的结构及运动形式

（1）结构

T68 型镗床主要由床身、前立柱、镗头架、工作台、后立柱和尾座等组成，如图 4—2—2 所示。

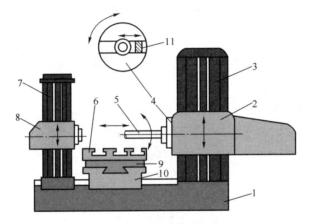

图 4—2—2　T68 型镗床结构

1—床身　2—镗头架　3—前立柱　4—平旋盘　5—镗轴　6—工作台　7—后立柱

8—尾座　9—上滑板　10—下滑板　11—刀具滑板

（2）运动形式

1）主运动。主运动是指镗轴和平旋盘的旋转运动。

2）进给运动。进给运动包括：镗轴的轴向进给运动、平旋盘上刀具的径向进给运动、镗头架的垂直进给运动、工作台的横向和纵向进给运动。

3）辅助运动。辅助运动包括：工作台的回转、后立柱的轴向水平移动、尾座的垂直移动及各部分的快速移动。

2. T68 型镗床的电气线路

（1）主轴电动机 M1 的控制

1）正反转控制。正转时，按下正转启动按钮 SB3，接触器 KM1 线圈得电吸合，主触头闭合（此时开关 SQ2 已闭合），KM1 的常开触头（8 区和 13 区）闭合，接触器 KM3 线圈得电吸合，主触头闭合，制动电磁铁 YB 得电松开（指示灯亮），电动机 M1 正向启动（△接法）。

反转时，只需按下反转启动按钮 SB2，动作原理同上，所不同的是接触器 KM2 线圈得电吸合。

2）点动控制。按下正向点动按钮 SB4，接触器 KM1 线圈得电吸合，KM1 常开触头（8 区和 13 区）闭合，接触器 KM3 线圈得电吸合。而不同于正转控制的是，SB4 的常闭触头切断了 KM1 的自锁，只能点动，KM1 和 KM3 的主触头闭合，M1 点动（△接法）。

同理，按下反向点动按钮 SB5，接触器 KM2 和 KM3 线圈得电吸合，M1 反向点动。

3）停车制动。当电动机正转时，按下停止按钮 SB1，接触器 KM1 线圈断电释放，KM1 的常开触头（8 区和 13 区）断开，KM3 也断电释放。制动电磁铁 YB 因失电而制动，M1 制动停车。

同理，反转制动时，需按下制动按钮 SB1，动作原理同上，所不同的是接触器 KM2 线圈断电释放，M1 制动停车。

4）高低速控制。若需要电动机 M1 低速运行，可通过变速手柄使变速开关 SQ1（16 区）断开，处于低速位置，此时，相应的时间继电器 KT 线圈也断电，M1 只能由 KM3 接成△接法低速运行。

如果需要电动机 M1 高速运行，可通过变速手柄使变速开关 SQ1 压合，处于高速位置，然后按下正转启动按钮 SB3（或反转启动按钮 SB2），时间继电器 KT 线圈得电吸合。由于 KT 两副触头延时动作，故 KM3 线圈先得电吸合，M1 接成△接法低速启动。之后，KT 的常闭触头（13 区）延时断开，KM3 线圈断电释放，KT 的常开触头（14 区）延时闭合，KM4、KM5 线圈得电吸合，M1 接成 YY 接法高速运行。

（2）快速移动电动机 M2 的控制

1）主轴箱升降运动。首先将床身上的转换开关扳到升降位置，扳动开关 SQ5（SQ6），SQ5（SQ6）常开触头闭合，SQ5（SQ6）常闭触头断开，接触器 KM7（KM6）通电吸合，电动机 M2 反（正）转，主轴箱向下（上）运动，到达指定位置时，扳回开关 SQ5（SQ6），主轴箱停止运动。

2）工作台横向运动。首先将床身上的转换开关扳到横向位置，扳动开关 SQ5（SQ6），SQ5（SQ6）常开触头闭合，SQ5（SQ6）常闭触头断开，接触器 KM7（KM6）通电吸合，电动机 M2 反（正）转，工作台横向运动，到达指定位置时，扳回开关 SQ5（SQ6），工作台停止横向运动。

3）工作台纵向运动。首先将床身上的转换开关扳到纵向位置，扳动开关 SQ5（SQ6），SQ5（SQ6）常开触头闭合，SQ5（SQ6）常闭触头断开，接触器 KM7（KM6）通电吸合，电动机 M2 反（正）转，工作台纵向运动，到达指定位置时，扳回开关 SQ5（SQ6），工作台停止纵向运动。

（3）联锁保护

在工作台或主轴箱自动快速进给时，为了防止将主轴进给手柄扳到自动快速进给位置，采用了与工作台和主轴箱进给手柄有机械连接的行程开关 SQ3。当上述手柄扳到工作台（或主轴箱）自动快速进给的位置时，SQ3 被强制断开。同样，在主轴箱上还装有另一个行程开关 SQ4，它与主轴进给手柄有机械连接，当这个手柄动作时，SQ4 也被强制断开。只有当行程开关 SQ3 和 SQ4 中有一个处于闭合状态时，电动机 M1 和 M2 才可以启动。如果工作台（或主轴箱）在自动进给时（SQ3 断开），将主轴进给手柄扳到自动进给位置（SQ4 也断开），则电动机 M1 和 M2 都自动停车，从而实现联锁保护。

3. T68 型镗床电气线路的常见故障

（1）故障现象：主轴电动机 M1 不能启动。

故障原因：熔断器 FU1 熔断；自动快速进给、主轴进给操作手柄的位置不正确；行程开关 SQ1、SQ2 动作，热继电器 KH 动作。

排除方法：更换熔断的熔断器；将自动快速进给、主轴进给操作手柄置于正确位置；复位 SQ1、SQ2，复位 KH。

（2）故障现象：主轴电动机 M1 只有高速挡，无低速挡。

故障原因：接触器 KM4 或 KM5 损坏；时间继电器 KT 延时断开动断触头损坏；SQ1 一直处于通的状态。

排除方法：检查并更换损坏的 KM4、KM5 线圈和动断触头；检查并更换损坏的时间继电器 KT 延时断开动断触头；检查并更换损坏的 SQ1。

（3）故障现象：主轴电动机 M1 只有低速挡，无高速挡。

故障原因：时间继电器 KT 损坏；KM4、KM5 的线圈或动断触头损坏。

排除方法：更换时间继电器 KT；检查 KM4、KM5 的线圈及动断触头，若有损坏则更换。

（4）故障现象：主轴变速手柄拉出后，主轴电动机不能冲动，或变速完毕合上手柄后，主轴电动机不能自动运转。

故障原因：行程开关 SQ3、SQ6 损坏。

排除方法：更换 SQ3、SQ6。

（5）故障现象：主轴电动机 M1、快速移动电动机 M2 都不工作。

故障原因：熔断器 FU1、FU2、FU3 熔断；变压器 TC 损坏。

排除方法：更换熔断的熔断器；更换损坏的变压器。

（6）故障现象：主轴电动机 M1 不能点动工作。

故障原因：SB1 至 SB4 或 SB5 的线路断路。

排除方法：复原断路线路。

（7）故障现象：主轴电动机 M1 可以点动，但当直接操作按钮 SB2、SB3 时，M1 不能启动。

故障原因：接触器 KM3 线圈或动合辅助触头损坏。

排除方法：更换损坏的接触器 KM3。

（8）故障现象：快速移动电动机 M2 快速移动正常，但主轴电动机 M1 不工作。

故障原因：热继电器 KH 烧坏。

排除方法：查明热继电器 KH 烧坏的原因并处理后，更换热继电器。

（9）故障现象：主轴电动机 M1 工作正常，快速移动电动机 M2 缺相。

故障原因：熔断器 FU2 中有一个熔体熔断；KM6、KM7 同时损坏（较少出现）。

排除方法：更换熔断器 FU2 的熔体；更换 KM6、KM7。

四、任务实施

1. 组建小组

任务实施以小组为单位，将班级学生分为 5 个小组，每小组 6 人。每个小组中，1 人为小组长，负责组织小组成员制订工作计划、实施工作计划、汇总小组成果等，并指派专人负责领取和分发材料。

2. 制订工作计划

根据任务要求，制订合理的工作计划，根据小组成员的特点进行分工，并填写表4—2—1。

表 4—2—1　　　　　　　　　　工作计划

序号	工作内容	时间	负责人
1			
2			
3			
4			
5			
6			
7			
8			

3. 准备材料

将表4—2—2填写完整，向仓库管理员提供该领用材料清单，并领用材料。

表4—2—2　　　　　　　　　　　**领用材料清单**

序号	名称	规格	数量	备注
1				
2				
3				
4				
5				
6				
7				
8				
9				
10				
11				
12				
13				
14				
15				
16				

4. 故障分析与排除

针对T68型镗床的故障现象，分析故障原因，排除故障，并填写表4—2—3。

表4—2—3　　　　　　　　　　　**故障分析与排除**

故障现象	故障原因	排除方法
主轴电动机 M1 不能启动		
主轴电动机 M1 只有高速挡，没有低速挡		
主轴电动机 M1 不能点动工作		
变速时，主轴电动机 M1 不能停止		

5. 通电试车

接线并通电测试，如镗床还有故障，应及时解决。

6. 清理场地、归置物品

按照现场管理规范清理场地、归置物品。

五、任务评价

按照表4—2—4的评价内容及标准进行自我评价、学生互评和教师评价。

表4—2—4 任务评价

评价内容及标准		配分	评分		
			自我评价	学生互评	教师评价
材料准备	工具、量具等漏选或错选，每只扣2分	10			
	工具、量具等功能不可靠，每只扣2分				
故障分析	机床电气原理分析错误，扣10分	20			
	故障排除流程图绘制错误，扣5分				
	最小故障范围绘制错误，扣5分				
故障排除	断电后不验电，扣5分	60			
	工具及仪表使用不当，每次扣5分				
	不能查出故障点，每次扣10分				
	能查出故障点但不能排除故障，每次扣20分				
	故障范围扩大，扣20分				
安全文明生产	不遵守安全文明生产规程，扣2~5分	5			
	施工完成后，不认真清理现场，扣2~5分				
施工时间	实际用时每超额定用时5 min，扣1分	5			
总分		100			

任务3 X62W型万能铣床电气线路分析和检修

一、任务描述

本任务要求排除 X62W 型万能铣床电气线路故障，通过本任务，使学生理解 X62W 型万能铣床的结构、运动形式及电气工作原理，掌握主电路、控制电路的故障排除方法，能处理常见故障。

二、任务要求

1. 检查机床电气控制线路。

2. 分析 X62W 型万能铣床信号灯、指示灯和断电保护电路的故障。

3. 分析 X62W 型万能铣床主轴电动机、冷却泵电动机、进给电动机控制电路的故障。

4. 按照机床电气检修的一般步骤排除线路故障。

5. 额定用时 1 h。

三、任务准备

X62W 型万能铣床电气线路的常见故障如下。

（1）故障现象：全部电动机均不能启动。

故障原因：转换开关 QS 接触不良；熔断器 FU1、FU2 或 FU3 熔断；热继电器 KH1 动作；瞬动限位开关 SQ7 的常闭触头接触不良。

排除方法：检查三相电流是否正常，并检修 QS；查明熔断器熔断的原因，并更换熔断的熔体；查明 KH1 动作的原因并排除；检修 SQ7 的常闭触头。

（2）故障现象：主轴电动机变速时无冲动过程。

故障原因：瞬动限位开关 SQ7 的常开触头接触不良。

排除方法：检修 SQ7 的常开触头，使其动作正常。

（3）故障现象：主轴停转时，没有制动作用。

故障原因：转速继电器常开触头 KS—1 或 KS—2 未闭合；接触器 KM1 的联锁触头接触不良。

排除方法：清除转速继电器常开触头 KS—1、KS—2 的油污；检修 KM1 的联锁触头。

（4）故障现象：按下停止按钮后，主轴不停。

故障原因：接触器 KM1 的主触头熔焊；停止按钮触头断路。

排除方法：更换接触器 KM1 的主触头；更换停止按钮。

（5）故障现象：进给电动机不能启动（主轴电动机能启动）。

故障原因：接触器 KM3 或 KM4 线圈断路；主触头和联锁触头接触不良；转换开关 SA3 接触不良。

排除方法：检修 KM3 及 KM4 线圈；检修主触头和联锁触头；检修 SA1 和 SA2。

（6）故障现象：工作台升降进给和横向进给正常，无法纵向进给。

故障原因：限位开关 SQ3、SQ4 或 SQ6 的常闭触头中至少有一对接触不良；限位开关 SQ1 的常开触头接触不良；纵向操作手柄联动机构磨损。

排除方法：检修 SQ3、SQ4、SQ6 的常闭触头；检修 SQ1 的常开触头；检修纵向操作手柄联动机构。

（7）故障现象：工作台不能快速进给。

故障原因：接触器 KM5 线圈断路或主触头接触不良。

排除方法：检修接触器 KM5 线圈和主触头。

四、任务实施

1. 组建小组

任务实施以小组为单位，将班级学生分为 5 个小组，每小组 6 人。每个小组中，1 人为小组长，负责组织小组成员制订工作计划、实施工作计划、汇总小组成果等，并指派专人负责领取和分发材料。

2. 制订工作计划

根据任务要求，制订合理的工作计划，根据小组成员的特点进行分工，并填写表4—3—1。

表 4—3—1　　　　　　　　　　　　工作计划

序号	工作内容	时间	负责人
1			
2			
3			
4			
5			
6			
7			
8			

3. 准备材料

将表 4—3—2 填写完整，向仓库管理员提供该领用材料清单，并领用材料。

表 4—3—2　　　　　　　　　　　领用材料清单

序号	名称	规格	数量	备注
1				
2				
3				
4				
5				
6				
7				
8				
9				
10				
11				
12				
13				
14				
15				
16				

4. 故障分析与排除

针对 X62W 型万能铣床的故障现象，分析故障原因，排除故障，并填写表 4—3—3。

表 4—3—3　　　　　　　　　　故障分析与排除

故障现象	故障原因	排除方法
工作台各个方向都不能进给		
工作台能左右进给，不能前后或上下进给		
变速时不能冲动控制		
工作台不能快速移动，主轴制动失灵		

5. 通电试车

接线并通电测试，如铣床还有故障，应及时解决。

6. 清理场地、归置物品

按照现场管理规范清理场地、归置物品。

五、任务评价

按照表 4—3—4 的评价内容及标准进行自我评价、学生互评和教师评价。

表 4—3—4 任务评价

评价内容及标准		配分	评分		
			自我评价	学生互评	教师评价
材料准备	工具、量具等漏选或错选，每只扣 2 分	10			
	工具、量具等功能不可靠，每只扣 2 分				
故障分析	机床电气原理分析错误，扣 10 分	20			
	故障排除流程图绘制错误，扣 5 分				
	最小故障范围绘制错误，扣 5 分				
故障排除	断电后不验电，扣 5 分	60			
	工具及仪表使用不当，每次扣 5 分				
	不能查出故障点，每次扣 10 分				
	能查出故障点但不能排除故障，每次扣 20 分				
	故障范围扩大，扣 20 分				
安全文明生产	不遵守安全文明生产规程，扣 2~5 分	5			
	施工完成后，不认真清理现场，扣 2~5 分				
施工时间	实际用时每超额定用时 5 min，扣 1 分	5			
总分		100			

任务4 M7120 型平面磨床电气线路分析和检修

一、任务描述

本任务要求排除 M7120 型平面磨床电气线路故障，通过本任务，使学生理解 M7120 型平面磨床的结构、运动形式及电气工作原理，掌握主电路、控制电路的故障排除方法，能处理常见故障。

二、任务要求

1. 检查 M7120 型平面磨床电气控制单元线路。

2. 分析信号灯、指示灯和断电保护电路的故障。

3. 分析去磁和充磁控制电路的故障。

4. 排除电路故障。

5. 额定用时 1 h。

三、任务准备

M7120 型平面磨床电气线路的常见故障如下。

（1）故障现象：液压泵电动机 M1、砂轮电动机 M2、冷却泵电动机 M3 均缺一相。

故障原因：熔断器 FU1 有一相损坏。

排除方法：检修 FU1，查明熔断器熔断的原因，并更换熔断的熔体。

（2）故障现象：控制电路失效。

故障原因：熔断器 FU1、FU2、FU3 熔断；变压器 TC 损坏。

排除方法：更换熔断的熔断器；更换损坏的变压器。

（3）故障现象：液压泵电动机 M1 不能启动。

故障原因：交流接触器 KM1 损坏；热继电器 KH1 损坏；液压泵电动机 M1 损坏。

排除方法：检修交流接触器 KM1 线圈及主触头；更换损坏的热继电器；在切断总电源后，用万用表测试液压泵三相绕组电阻是否正常。

（4）故障现象：KV 失压保护继电器不动作，液压泵、砂轮冷却泵、砂轮升降电动机、电磁吸盘均不能启动。

故障原因：整流桥 VC 损坏；熔断器 FU2、FU4 损坏。

排除方法：用万用表测量整流桥 VC 输入端 100 和 103 两点电压及输出端 102 和 104 两点电压，若输入端电压正常，输出端电压不正常，则说明整流桥损坏，应更换整流桥；在断电后，用万用表测 FU2 和 FU4 端是否为通路，若不通，则说明相应的熔断器损坏，应更换熔断器。

（5）故障现象：砂轮上升失效。

故障原因：按钮 SB6 损坏；KM4 常闭辅助触头损坏；KM3 线圈或主触头故障。

排除方法：分别检查控制砂轮升降电动机回路的相关元器件 SB6、KM4、KM3，更换损坏的元器件。

（6）故障现象：电磁吸盘充磁失效。

故障原因：整流桥 VC 故障导致电磁铁 YH 无工作电源；充磁按钮 SB8 损坏；充磁控制交流接触器 KM5 线圈或主触头故障。

排除方法：更换故障的整流桥；更换损坏的充磁按钮；更换充磁控制交流接触器。

（7）故障现象：电磁吸盘去磁失效。

故障原因：去磁按钮 SB10 损坏；去磁控制交流接触器 KM6 线圈或主触头故障。

排除方法：更换损坏的去磁按钮；更换去磁控制交流接触器。

四、任务实施

1. 组建小组

任务实施以小组为单位，将班级学生分为 5 个小组，每小组 6 人。每个小组中，1 人为小组长，负责组织小组成员制订工作计划、实施工作计划、汇总小组成果等，并指派专人负责领取和分发材料。

2. 制订工作计划

根据任务要求，制订合理的工作计划，根据小组成员的特点进行分工，并填写表4—4—1。

表 4—4—1　　　　　　　　　　　工作计划

序号	工作内容	时间	负责人
1			
2			
3			
4			
5			
6			
7			
8			

3. 准备材料

将表 4—4—2 填写完整，向仓库管理员提供该领用材料清单，并领用材料。

表 4—4—2　　　　　　　　　　　　　　　　领用材料清单

序号	名称	规格	数量	备注
1				
2				
3				
4				
5				
6				
7				
8				
9				
10				
11				
12				
13				
14				
15				
16				

4. 故障分析与排除

针对 M7120 型平面磨床的故障现象，分析故障原因，排除故障，并填写表 4—4—3。

表 4—4—3　　　　　　　　　　　　　　　　故障分析与排除

故障现象	故障原因	排除方法
电磁吸盘充磁和去磁失效		
砂轮电动机缺一相		
液压泵电动机不启动		
照明灯不亮		

5. 通电试车

接线并通电测试，如磨床还有故障，应及时解决。

6. 清理场地、归置物品

按照现场管理规范清理场地、归置物品。

五、任务评价

按照表 4—4—4 的评价内容及标准进行自我评价、学生互评和教师评价。

表 4—4—4   任务评价

评价内容及标准		配分	评分		
			自我评价	学生互评	教师评价
材料准备	工具、量具等漏选或错选，每只扣 2 分	10			
	工具、量具等功能不可靠，每只扣 2 分				
故障分析	机床电气原理分析错误，扣 10 分	20			
	故障排除流程图绘制错误，扣 5 分				
	最小故障范围绘制错误，扣 5 分				
故障排除	断电后不验电，扣 5 分	60			
	工具及仪表使用不当，每次扣 5 分				
	不能查出故障点，每次扣 10 分				
	能查出故障点但不能排除故障，每次扣 20 分				
	故障范围扩大，扣 20 分				
安全文明生产	不遵守安全文明生产规程，扣 2~5 分	5			
	施工完成后，不认真清理现场，扣 2~5 分				
施工时间	实际用时每超额定用时 5 min，扣 1 分	5			
总分		100			